열대과일 시리즈 V

람부탄

Rambutan

열대과일 시리즈 V

람 부 탄

Rambutan

이건철 · 박준근 · 안기완 · 안영상 · Vannak Kong

G. C. Lee, J. K. ParK, K. W. An, Y. S. Ahn, V. Kong

전남발전연구원

서 문

한반도를 비롯한 지구촌의 기후변화(지구온난화)로 인한 기온 상승은 지속적으로 발생하고 있으며, 이러한 기상이변은 농업부문에 많은 영향을 주고 있다. 특히, 우리나라의 과수 재배환경은 기온 상승에 매우 민감해 주산지가 계속 북상하고 있다. 앞으로 연평균 기온이 지속적으로 상승하면 남부지역에서도 아보카도, 망고, 용과, 파파야 등의 열대 과일 재배가 가능해질 것으로 전문가들은 전망하고 있다. 이러한 상황과 추세를 감안하여 농진청에서는 부가가치가 높은 아열대 작물과 과일 등을 선정하여 농가 보급에 필요한 재배기술 개발 및 연구 등을 수행하고 있다. 그러나 우리나라에서는 기후변화에 대응한 열대작물 및 과일에 대한 서적이 거의 없는 실정이다.

이제는 관행적인 작물재배 보다는 새로운 농업으로서 열대 또는 아열대 작물 재배를 통한 새로운 도전을 해야 할 시기가 도래하였다고 생각한다. 즉, 기후변화에 대응하기 위해서는 적극적인 대처방안을 모색하는 것이 필요하다. 한반도의 온도가 지속적으로 상승할 것으로 예측됨에 따라 온난화에 적응하면서도 국지성 특성에 따른 과수 품목을 선정하고 그에 대한 재배기술 개발이 요구된다. 따라서 기후

변화에 미리 준비하고 대응하는 것이 필요하다. 그래서 본서의 저자들은 이와 같은 기후변화를 감안하여 『팜오일』(Palm Oil, 2010), 『두리안』(Durian, 2012), 『망고』(Mango, 2012), 『아보카도』(Avocado, 2012) 및 『리치』(Lychee, 2013) 등과 같은 열대과수에 관한 저서를 집필하였으며, 이어서 『람부탄』(Rambutan)에 관한 본 저서를 기획하게 된 이유라고 할 수 있다. 그래서 우리나라에서의 아열대 과일 생산은 물론이고 많은 사람들이 해외 현지에 이주해서 열대과수 재배를 진행하고 있는 실정을 동시에 감안한 포석이다.

또한 국내 소비자들의 애호를 받고 있는 람부탄을 소개하여 생산자와 소비자 모두에게 도움이 되고자 한다. 이 과정에서 여러 가지 자료를 문헌과 온라인(on-line)으로 수집하고, 동시에 람부탄 과일의 동남아 생산 현지를 직접 방문하여 자료를 수집하였다. 이론과 실제를 겸하여 현실감 있는 내용을 소개하기 위함이다.

람부탄(Rambutan)은 말레이시아가 원산지이고, 열매는 타원 모양이며 한 가지에서 작은 달걀만한 크기로 10개 정도가 모여서 달린다. 열매는 7~8월에 붉은 색으로 익고, 과일의 표면에는 길고 부드러운 돌기로 덮여 있다. 람부탄이란 말레이시아어로 털이 있는 열매라는 뜻으로 과육은 흰색이고 과즙이 많으며 새콤한 맛을 지니고 있다. 또한 람부탄은 비타민이 풍부하여 면역력을 증가시켜 주며 항산화기능이 뛰어나고, 식이섬유와 수분이 풍부하여 이뇨작용이 있고 대장운동을 활발하게 해주어 변비도 해소시켜주는 등 맛과 영양을 두루 갖춘 과일이라 할 수 있다.

마지막으로 베트남과 캄보디아의 람부탄 자료 수집과 현지 방문에 도움을 주신 이동철 사장님, 정숙호 이사님, 기아자동차(광주 품질관리1부) 김석봉 부장님, (주)드림향기 김용문 대표님, 그리고 캄보디아 Mean Chey University 교수와 학생들의 따뜻한 환대와 적극적인 연구 협조에 감사드린다. 특히 바쁜 일정에도 많은 도움을 주신 RUA의 Tong So Cheath 교수에게 깊은 감사를 드린다.

2014년 11월 전남대학교 용봉캠퍼스

저자 일동

① 베트남 호치민시 주변의 열대과수 농장 (2014.07)

② 베트남 호치민시의 열대과수 시장 (2014.07)

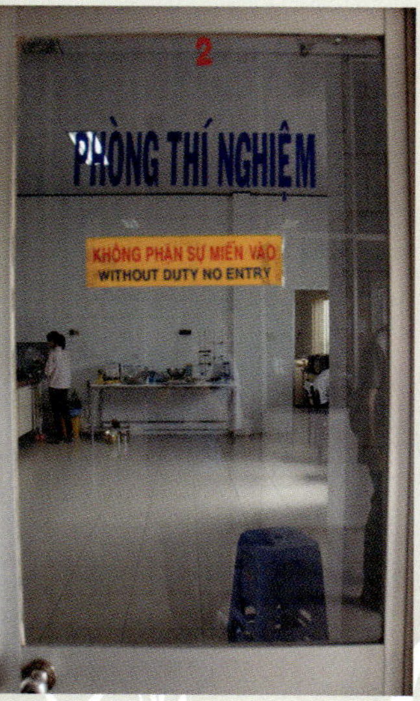

③ 베트남의 메콩델타 지역에서 운하를 이용한 열대과수 운반 및 가공공장 (2013.09)

④ 베트남과 캄보디아 열대과수 시장에서 판매되고 있는 람부탄 품종 (2014.07)

⑤ 캄보디아 바탐방 지역의 열대과수 농장 (2014.07)

⑥ 캄보디아 열대과수 노점상 (2014.07)

⑦ 캄보디아 바탐방 지역 열대과수 농장 주변의 명물 5공주 식당 (2014.07)

⑧ 열대과수 수확체험 (2014.07)

⑨ 캄보디아(Mean Chey University)의 미생물비료(GCM)를 이용한 열대작물 시험지 (2014.07)

목 차

람부탄 (RAMBUTAN)

캄보디아 바탐방 지역의 람부탄 농장

Chapter 1.

람부탄의 세계

최근 대형마트와 백화점을 중심으로 열대과일(tropical fruits)이 한국의 과일시장을 뒤덮고 있다. 그래서인지 우리나라 대형식당과 가정에서도 열대과일을 많이 소비하고 있는 추세이다. 열대 과일은 맛이 순하고 향이 이국적이기 때문에 국내 소비자들이 선호하여 최근 고급식당에서 소비가 증가되고 있다. 또한, 국민소득의 증가로 해외에서 여가생활을 즐기는 여행자들이 증가하면서 열대과일에 대해 거부반응이 없어 수요가 국내에서도 증가하고 있다고 사료된다. 이와 동시에 국내과일의 생산이 감소되고 외국 과일의 수입이 증가하면서 나타나는 현상이기도 하다.

우리나라의 기후조건이 지구온난화[1] 영향으로 점차 아열대성 기후로 바뀌면서 제주도를 비롯한 남부 해안지역에서 점차 열대 및 아열대성 과수의 재배가 증가하고 있는 실정이다[2]. 그래서 북상하

---

1 지구온난화(地球溫暖化, global warming)는 태양의 열이 지구로 들어와서 나가지 못하고 순환되는 현상 즉 온실효과(greenhouse effect)의 결과로 지구의 평균 대기온도가 상승하는 현상을 말한다.

2 열대(熱帶, tropics)는 고온다우(高溫多雨)하고, 아열대(亞熱帶, sub-tropics)는 고온건조(高溫乾燥)한 지대를 의미한다. 그래서 열대는 4계절이 없이 연중 고온다습(高溫多濕)하고 우기(雨期)와 건기(乾期)가 존재한다. 열대와 온대의 중간인 아열대는 열대만큼 고온다습하지 않고 4계절이 존재하며 겨울 평균기온이 영하(零下)로 내려가지 않는다.

고 있는 아열대성 기후에 적응할 수 있는 과수에 대한 소개 필요성이 점차 증대하고 있다. 우리나라에서도 기후 여건이 허락된다면 열대 또는 아열대 과수의 생산이 보다 진취적으로 이뤄질 필요가 있다.

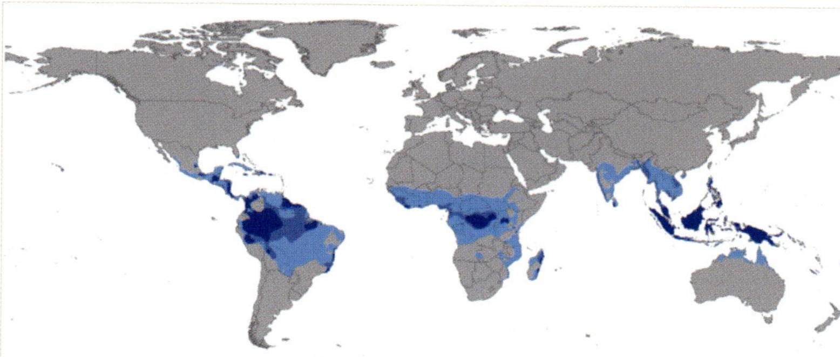

세계의 열대지역
(http://en.wikipedia.org/wiki/File:Koppen_World_Map_Af_Am_Aw.png)

람부탄의 근원지는 말레시아(Malaysia)와 인도네시아(Indonesia)이다. 람부탄의 의미는 말레이/인도네시아어의 털(hair)을 의미하는 'rambut'에 접미사 'an'을 붙여서 만든 "털이 있는 열매"이다(Zee, 1995). 즉, 람부탄의 특징인 돌기로 덮인 모양 때문에 생긴 이름이라고 한다. 그리고 베트남에서는 '난잡한 털'이라는 의미의 촘촘(chôm chôm)으로 불리고 있다.

람부탄의 꽃과 열매

람부탄의 속명(屬名, common names)과 학명(學名, scientific names)[3]은 다음과 같이 요약할 수 있다.

람부탄의 속명과 학명

속명(Common Names)

- 영어: rambutan
- 태국: ngoh, phruan
- 말레이시아 원주민: nert, gente
- 인도네시아 & 말레이시아: rambutan
- 캄보디아: saaw maaw
- 베트남: chom chom, vai tieu
- 중국(광동): hooun mo daon: putonghua: shau tsz

학명(Scientific Names)

- 종(Species): *Nephelium lappaceum* L. var. lappaceum
- 과(Family): *Sapindaceae*

(http://www.hort.purdue.edu/newcrop/CropFactSheets/Rambutan.html#Common Names)

3 동식물의 속명(屬名, Common names)은 지역 사람들이 사용하는 이름을 사용하므로 나라마다 지역마다 다를 수 있다. 어떤 지역에 새로운 사람들이 유입하거나 또는 유행에 따라서 속명이 바뀔 수도 있다. 그러나 학명(學名, scientific names)은 전세계적으로 학자들과 전문가들 사이에 공통적으로 사용되는 이름으로 라틴어를 사용한다. 학명은 국제적으로 과학적 동의가 없는 한 바꿀 수 없다.

람부탄 과수의 가장 오래된 기록에 의하면 앞서 설명한 바와 같이 말레이시아와 더불어 인도네시아가 람부탄의 원산지이지만 점차 동남아 인근 지역으로 서서히 전파되었다(Zee, 1995). 현재는 태국(Thailand), 미얀마(Myanmar), 스리랑카(Sri Lanka), 인도(India), 베트남(Vietnam), 캄보디아(Cambodia), 필리핀(Philippines) 그리고 호주(Australia) 등지에서 재배되고 있다. 사과가 극동지역에서 흔한 과일인 것처럼 람부탄은 동남아지역에서 흔한 과일 중의 하나가 된 것이다.

또한 중남미(中南美)지역[4] 코스타리카(Costa Rica)에서 판매되는 람부탄은 노란색의 야생 람부탄(Wild Rambutan)으로 알려져 있으며, 일반적인 붉은색의 람부탄보다 크기가 작다. 야생 람부탄의 맛은 달콤새큼하여 포도와 같다.

람부탄은 근원이 아시아 지역이었기 때문에 파나마(Panama)와 코스타리카(Costa Rica) 및 스페인(Spain) 지역에서는 중국의 원산지인 리치(Lychee)와 먹는 방법 및 모양새가 비슷하다고 하여 '마몬 치노'(Mamon Chino)라고 부르기도 한다.

4 중남미 국가들은 벨리즈(Belize), 코스타리카(Costa Rica), 엘살바도르(El Salvador), 과테말라(Guatemala), 온두라스(Honduras), 니카라과(Nicaragua), 그리고 파나마(Panama) 등을 의미한다.

중남미 지역의 야생 람부탄
(http://www.subaonline.net/photoworld/pangkor/)

중남미 지역 지도
(http://livinglifeincostarica.blogspot.com/2012/08/common-mistakes-about-costa-rica.html)

람부탄 수확

Chapter 2.

주요 국가별 농업과 람부탄

람부탄을 생산하는 주요 국가 중에서 통계자료 획득이 가능한 국가의 농업 특징과 람부탄 산업에 대하여 설명하고자 한다. 이를 위해서 해당국가의 농축산부문 20대 품목의 통계자료를 요약하였다. 국가별 통계자료는 2012년 UN-FAO(United Nations Food and Agriculture Organization)가 발표한 자료를 참고하였다.

■ 말레이시아(Malaysia)

말레이시아는 18세기말에서부터 19세기에 걸쳐서 영국의 식민지였으며, 이후 일본의 식민지 지배(1942-1945년)를 받았던 치욕적인 역사를 가지고 있다. 그리고 제2차 세계 대전 이후 영국의 지배(1948-1957년)를 거쳐 1957년 독립하여 말라야(Malaya) 연합을 이뤘으나 1965년에 싱가포르(Singapore)가 분리되어 나갔다.

국토면적은 329,847km^{2}로서 남서부는 4~10월, 그리고 북동부는 10~2월까지 몬순(Monsoon)기후가 지속되는 열대지역이다. 총인구는 2,977만 명으로 추정되며, 인구밀도는 89명/km^2 수준이다. 말레이시아인의 평균수명은 74.2세로 추정하고 있다.

말레이시아 지도
(http://www.naver.com/)

말레이시아는 초기에 주로 원자재의 수출에 크게 의존하였던 경제체제였으나 점차 고부가가치를 지향하는 제조업, 서비스업 및 관광업으로 다변화시켜 왔다. 국제통화기금(IMF, International Monetary Fund)[5]의 자료에 의하면 말레시아의 1인당 국민소득은 약 $10,486 수준이다.[6] 이는 세계 183개국 가운데서 66위에 해당하는 소득 수준이며, 동남아지역에서는 매우 높은 편이다.

말레이시아 경제에서 농업은 중요하다. 왜냐하면 농업은 말레이시아 국내총생산(Gross Domestic Product, GDP)의 12%를 차지하고 있으며, 인구의 16%가 농업에 종사하고 있기 때문이다. 생산액을 기준으로 주요 품목을 살펴보면 팜 오일(Palm Oil)[7]이 $81.7억으로 단일 품목으로서는 최고액을 기록하고 있다. 이어서 닭고기($18.2억), 팜 핵(Palm Kernels, $12.5억), 천연고무($11.1억), 벼($7.4억), 계란($5.3억), 돼지고기($3.6억), 오리고기($2.1억), 신선채소($1.1억) 등의 순이다.

말레이시아 농산물 최대생산액 20대 품목 중에서 $1,000/톤이 넘는 품목은 7개이다. 그 중에서 가장 높은 품목은 새의 알로서 $2,884/톤이다. 그 다음으로는 쇠고기($2,701), 블랙페퍼(Black Pepper, $2,084), 오리고기($1,648), 돼지고기($1,537), 닭고기($1,424), 천연고무(1,144) 등의 순이다. 단가가 가장 낮은 품목은 코코넛($110)으로 나타났다.

---

5 국제통화기금(IMF)는 UN 전문기구로서 1944년 브레턴 우즈(Bretton Woods) 협정에 따라서 설립되었다. 회원국들의 통화교환과 국제통화 거래에서 금(金)의 역할 감소를 추구한다. 국제통화 문제 연구기관이자 통계정보센터의 역할을 한다. 운영자금은 회원국의 국제무역 규모, 국민소득액, 국제준비금보유량 등에 따른 출자로 형성된다. 회원국은 일시적인 국제수지 불균형에 직면할 경우 필요한 외환을 IMF로부터 자국통화로 구입할 수 있다. 본부는 워싱턴 D.C.에 있다.

6 국제통화기금이 2014년 4월 추정한 자료로서 2013년 세계 평균 개인소득(per capita income)은 $10,486이다(대한민국은 $24,328 수준임).

7 팜 오일은 오일 팜(Oil Palm)의 열매를 가공해서 생산한 기름을 의미한다. 팜 오일은 비타민 E의 좋은 자료인데, 비타민 E는 지용성 항산화제이다. 이 비타민 E는 다른 비타민과 적혈구 및 지방조직을 보호한다. 팜 오일 1티스푼은 알파-토코페롤로 불리는 비타민 E를 2.17mg을 함유한다. 이 양은 비타민 E의 1일 권장량이 15㎍임을 감안하면 매우 많은 양이다.

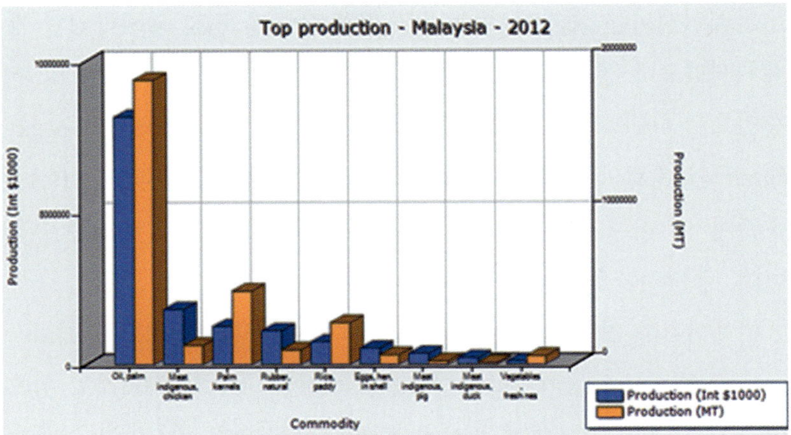

말레이시아의 9대 농축산물 생산량 및 생산액

순위	품목	생산액 ($1,000)	생산량 (톤)	단가 ($/톤)
1	팜 오일	8,172,559	18,785,030	435.06
2	닭고기	1,822,049	1,279,163	1,424.41
3	야자 핵(Palm Kernels)	1,251,877	4,850,000	258.12
4	천연고무	1,109,520	970,000	1,143.84
5	벼	737,840	2,750,404	268.27
6	계란	532,965	642,600	829.39
7	돼지고기	362,214	235,626	1,537.24
8	오리고기	213,439	129,548	1,647.57
9	신선채소 (nes)	105,527	560,000	188.44
10	파인애플	95,319	334,400	285.04
11	바나나	94,621	335,974	281.63
12	코코넛	67,066	606,530	110.57
13	지방(脂肪)종자 (nes)	56,074	180,000	311.52
14	블랙 페퍼	54,192	26,000	2,084.31
15	토마토	49,895	135,010	369.57
16	망고, 망고스틴, 구아바	45,026	75,147	599.17
17	**새알(Eggs, other bird, in shell)**	40,379	14,000	2,884.21
18	열대신선과일 (nes)	37,598	92,000	408.67
19	신선과일 (nes)	34,205	98,000	349.03
20	쇠고기	29,840	11,046	2,701.43

코코넛(Coconut)

영국이 말레이시아에 대규모 플랜테이션(plantation)[8]을 도입하고, 새로운 상업용 작물들을 재배하기 시작했다. 처음에는 1876년 고무(Rubber)를 시작으로 1917년 오일 팜(Oil Palm), 그리고 1950년대 코코아(cocoa) 등의 플랜테이션이다. 이러한 3대 작물은 이후부터 말레이시아의 주요 농산물 수출 품목이 되었다.

고무나무 플랜테이션
(http://shivgiri.com/whitegold/index.html)

8 플렌테이션(Plantation)이란, 열대 또는 아열대 지방에서 원주민의 값싼 노동력을 이용하여 특정 농작물을 대규모로 재배하는 기업적 농업을 의미한다. 주로 유럽과 미국의 사업가에 의해 관리되고 있으며, 생산되는 주요 농산물은 고무, 팜 오일, 코코아, 커피, 차, 사탕무, 사탕수수 등이다.

그리고 최근 농민들은 국내 시장을 겨냥해서 바나나, 코코넛, 두리안, 파인애플, 쌀, 람부탄 등과 같은 작물을 재배하기 시작하고 있다. 왜냐하면 말레이시아 기후는 허리케인(hurricane)[9]이나 심한 가뭄현상이 발생하지 않기 때문에 열대 과수를 재배하는데 적합하다.

람부탄(Nephelium lappaceum)은 열대 과수로서 동남아시아 지역에 고유한 종으로 리치나 용안, 그리고 마몬실로(Mamoncillo)와 같은 과에 속한다. 원래는 뒷마당과 같은 곳에 심는 나무였지만 지금은 상업용으로 과수원에서 많이 재배하고 있다.

리치(Lychee)와 용안(Longan) 과일

9 허리케인(Hurricane)은 북대서양·카리브해(Caribbean Sea)·멕시코만·태평양 동부에서 발생하는 열대 저기압으로 매년 약 23개 정도가 발생하고 있다. 태풍(Typhoon)은 북태평양 남서해상에서 발생하는데 1년에 약 30여개, 사이클론(Cyclone)은 인도양과 오스트레일리아 부근의 남태평양 해역에서 발생하며 1년에 약 27개 정도가 발생한다.

마몬실로(Mamoncillo) 과일
(http://www.pinterest.com/pin/445434219365920022/)

람부탄은 10~15m까지 자라는 교목으로 잎은 어긋나고 5~7상으로 된 깃꼴겹잎이며 두껍고 광택이 있다. 꽃은 3월부터 7월까지 꽃이 피고, 이후 7월부터 11월까지 한차례 더 꽃이 피는데 대개 건기(dry season)가 지난 다음 꽃이 핀다. 물론 개화기는 지역에 따라서 조금씩 다르다. 람부탄의 꽃은 연한 노란색을 띤 녹색으로 암수딴그루 또는 잡성화이다. 꽃받침조각과 꽃잎은 5개이다. 꽃은 원추꽃차례로 개화하고, 최고 100개에 이르는 꽃들이 최고의 개화시기에 크게 꽃잎이 만개한다. 최초의 열매가 맺히는 비율(比率)은 25%에 근접하지만 많은 열매가 낙과되어 추수기에 매우 낮은 1~3%의 정도의 생산을 보이기도 한다. 꽃이 핀 이후 15~18주가 되면 과일이 성숙하게 된다.

람부탄 꽃(좌) 및 낙과한 열매(우)

꽃은 넥타(Nectar, 꿀)를 소유하고 있어 달큼한 향기를 지니고 있다. 암꽃은 수꽃보다 2~3배의 많은 넥타를 생산하며, 일반적으로 넥타의 당분은 18~47%에 이르고 있다. 람부탄은 말레이시아에서 벌들에게 매우 중요한 넥타의 근원이다. 그리고 람부탄은 꽃가루가 없기 때문에 곤충과 새 등에 의한 타화수분(他花受粉, cross-pollination)이 필요하다. 그러나 무배우 생식(apomixis)이 일부 품종에서 발생할 수 있다는 연구결과가 있지만, 대부분의 람부탄은 리치(Lychee)

벌의 수정작업
(http://www.rambutan.com/AdditionalPictures.htm)

처럼 곤충에 의하여 수정이 이뤄진다. 특히, 향기가 좋은 람부탄의 꽃은 벌, 나비, 파리 등과 같은 많은 곤충 특히 벌들에게 매우 매력적이고 유혹적이다.

일반적으로 말레이시아 과수 농장에서는 많은 꽃 중에서 약 1% 정도만이 결실되고 있는데, 이는 '체포 꽃'(bagged flower)이 존재하기 때문이다. 그러나 사람의 손으로 인공수정을 실시할 경우, 약 13% 정도까지 결실률이 상승된다고 한다. 이러한 연구결과들은 수분매개체들이 수꽃과 자웅동체(hermaphrodite, 雌雄同體) 꽃에만 충실하여, 암수딴그루인 경우 자연적 조건하에서 수정과 과일을 맺는 것에 한계가 있는 것으로 여겨지고 있다.

■ 태국(Thailand)

통일 태국왕국은 14세기 중엽에 건립되어서 1939년까지 씨암(Siam)으로 알려졌다. 태국은 동남아에서 유일하게 유럽의 지배를 받아본 적이 없는 국가이며, 지난 1932년에 무혈혁명으로 입헌군주국이 되었다. 태국은 제2차 세계 대전에서 일본과 제휴하였으나 한국전에 파병을 한 이후부터 미국의 동맹국이 되어 베트남 전쟁에도 참여하기도 했다. 총면적은 513,120km^{2}이고, 총인구는 6,711만 여명(World Population Review, 2014)으로 추정되고 있다(인구밀도는 136명/km^2 수준). 태국의 경제수준을 가늠할 수 있는 1인당 명목 소득수준은 약 $5,674(2013년)이고, IMF 발표에 의하면 세계 183개국 가운데서 92위에 해당한다.

생산액을 기준으로 UN-FAO는 태국의 20대 품목을 발표했는데, 그 가운데 9대 품목을 아래의 그림과 같다. 태국의 농축산물 생산 자료에 의하면 최근 쌀의 생산액이 $94.3억 수준(2012년)으로 단일 품목으로 최고액을 기록하고 있다. 그래서 태국은 세계 최대 쌀 수출국으로서 전 세계 쌀 수출량의 28.3%를 차지하고 있다. 나머지 8대 품목은 천연고무($40.0억), 사탕수수($31.7억), 카사바($22.1억), 닭고기($18.0억), 돼지고기($16.4억), 망고 · 망고스틴 · 구아바($15.9억), 새의 알($11.4억), 그리고 신선 열대과일($9.1억) 등이다.

태국의 농산물 생산액 최대 20대 품목의 총생산액은 FAO 기준으로 $303.2억 수준이고, $1,000/톤이 넘는 품목은 7개로 밝혀졌다. 단가가 가장 높은 품목은 새의 알($2,884), 쇠고기($2,701), 오리고기($1,648), 돼지고기($1,537), 닭고기($1,424), 천연고무($1,144), 그리고 칠리(Chili)/블랙페퍼($1,095) 등의 순이다.

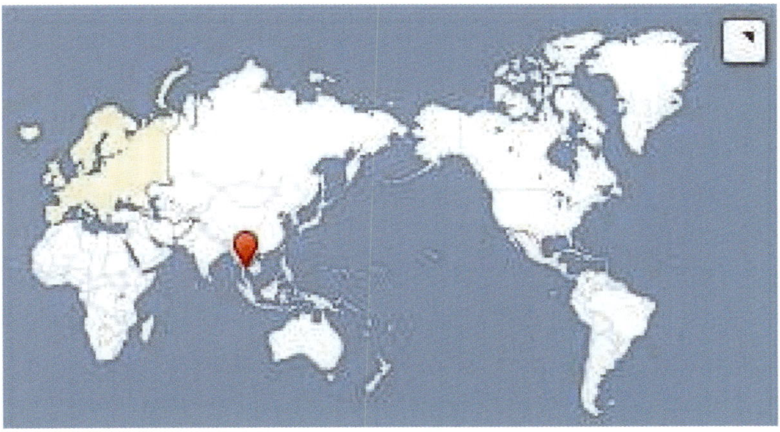

태국 지도
(http://www.naver.com/)

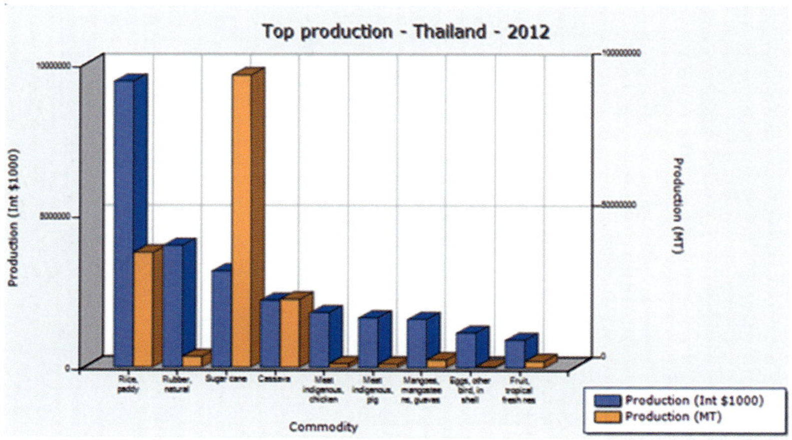

태국의 9대 농축산물 생산량 및 생산액

순위	품목	생산액 ($1,000)	생산량 (톤)	단가 ($/톤)
1	벼	9,430,611	37,800,000	249.49
2	천연고무	4,003,423	3,500,000	1,143.84
3	사탕수수	3,168,771	96,500,000	32.84
4	카사바	2,212,526	22,500,000	98.33
5	닭고기	1,799,537	1,263,358	1,424.41
6	돼지고기	1,638,048	1,065,577	1,537.24
7	망고, 망고스틴, 구아바	1,587,793	2,650,000	599.17
8	**새알(Eggs, other bird, in shell)**	1,139,267	395,000	2,884.22
9	열대과일 (nes)	909,437	2,225,347	408.67
10	파인애플	755,372	2,650,000	285.05
11	팜 오일	696,091	1,600,000	435.06
12	계란	544,079	656,000	829.39
13	쇠고기	529,276	195,928	2,701.38
14	바나나	464,691	1,650,000	281.63
15	신선우유	332,033	1,064,000	312.06
16	신선채소 (nes)	211,996	1,125,000	188.44
17	신선과일 (nes)	176,437	505,500	349.03
18	칠리, 블랙 페퍼 (건조)	158,837	145,000	1,095.43
19	오리고기	136,339	82,752	1,647.56
20	코코넛	121,630	1,100,000	110.57

구아바(Guava)
(http://www.imagejuicy.com/images/fruits/g/guava/4/)

람부탄은 태국에서 부드러운 질감(texture)과 맛을 지니고 있어 인기가 높은 열대과일 중의 하나이다. 신선한 람부탄은 생과일뿐만 아니라 통조림 등으로 가공되어 소비되고 있다. 특히 열대과수를 가공한 통조림 산업이 발달되어 말레이시아와 중국에 가공품이 수출되고 있는 실정이다. 최근 여러 나라들과 활발한 교류를 통해 미국, 싱가포르, 타이완, 호주, 아랍에미리트 연합(UAE: United Arab Emirates) 및 유럽연합(EU: European Union) 등이 잠재적인 시장으로 확대되고 있는 실정이다. 이러한 람부탄 가공품의 수출액이 신선 람부탄의 수출액보다 8.5배 높은 실정이다. 그래서 수출의 활성화를 위해 농업 품질관리 시스템(Agriculture Quality Management System)이 람부탄 생산의 품질과 위생문제를 해결하기 위해서 도입되고 있다.

이러한 열대과일 가공 산업을 증진하기 위해 생산기술, 가공품의 다양화 및 포장 기술개발에 관한 R&D 프로그램에서 강조되고 있다. 동시에 고품질의 람부탄 생산에 비용의 효과성 문제도 고려대상이다. 특히, 신선한 람부탄의 저장기간을 연장시키기 위해서 수확 후(post-harvest) 관리기술이 연구되고 있다. 적절한 수확 후 관리기술과 포장, 그리고 가공용 람부탄 품종 등을 연구해서 외국시장에서 태국산 람부탄 시장을 증진시킬 수 있도록 노력하고 있다.

■ 베트남(Vietnam)

베트남은 1858년에 프랑스의 침공을 받아서 1884년에 완전 정복 당했다. 이후, 제네바 협정에서 한국처럼 북쪽에는 공산주의 월맹(越盟), 남쪽에는 비공산주의 월남(越南)으로 분단되었다. 월남정권을 지지하던 미국이 1973년 철수하면서 1975년에 끝내 북쪽의 공산주의 월맹이 베트남을 무력으로 통일하게 되었다.

베트남의 총면적은 331,210km^{2}이며, 남쪽은 열대지역이고 북쪽은 몬순기후에 속하여 5~9월에는 뜨거운 우기(雨期)이고 태풍이 있고, 10~3월은 따뜻한 건기(乾期)가 지속된다. 남북의 길이가 1,650km나 되지만 동서(東西)간의 폭은 겨우 50km 정도에 불과한 지역도 있다.

전체적으로 54개 이상의 인종이 살고 있는 베트남의 인구는 2014년 현재 약 9.2천만 명고, 기대수명은 72.6세로 추정되고 있다(US-CIA, 2014), (World Population Review, 2014). 이 가운데 킨(Kinh)족이 전체인구의 85.7%를 차지한다. 베트남어가 공용어이지만 영어가 점차 많이 사용되고 있다. 종교는 무종교가 80.8%, 불교 9.3%, 카톨릭 6.7%, 기독교 0.5% 등으로 분포되어 있다.

베트남의 국민 1인당 명목소득은 2013년 현재 $1,901로 세계 183개국에서 132위를 차지하고 있다(IMF, 2014). 오랜 경제적 침체를 거듭하다가 1986년 '도이모이'(Doi Moi, 개혁) 정책을 기점으로 경제현대화와 수출주도형(export-led) 산업을 시작하게 되었다. 노동력의 고용(2012년)은 농업부문 48%, 제조업 부문 21%, 서비스 부문 31% 등으로 나타났다.

베트남 지도
(http://www.naver.com/)

주요산업은 식품가공, 의류, 신발, 기계제작, 광산, 석탄, 철강, 시멘트, 화학비료, 유리, 타이어, 오일, 이동전화(mobile phone) 등이고, 베트남의 주요 농축수산물은 쌀, 커피, 고무, 차(茶), 페퍼(Pepper),

캐슈넛(열매(좌), 미탈각(중) 및 탈각(우))
(http://malformalady.tumblr.com/post/46292958107/cashew-nuts-growing-on-a-tree-the-cashew-nut-tree
http://www.tradeindia.com/fp370133/Raw-Cashew-Nut-In-Shell.html)

대두, 캐슈넛(Cashew Nut), 사탕수수, 땅콩, 바나나, 가금류(Poultry), 어류, 해산물 등이 있다.

베트남의 주요 수출품은 의류, 신발, 전자제품, 해산물, 원유, 쌀,

커피, 목제품(木製品), 기계류 등이다. 주요 수출대상국(2012년)은 미국 17.8%, 일본 11.8%, 중국 11.2%, 한국 5%, 말레이시아 4.1% 등의 순으로 집계되었다.

베트남이 생산하고 있는 9대 농축산물은 생산금액을 기준(2012년 FAO 통계)으로 벼, 돼지고기, 신선채소류, 커피, 신선과일류, 캐슈넛, 카사바(Cassava), 천연고무, 쇠고기 등의 순으로 밝혀졌다.

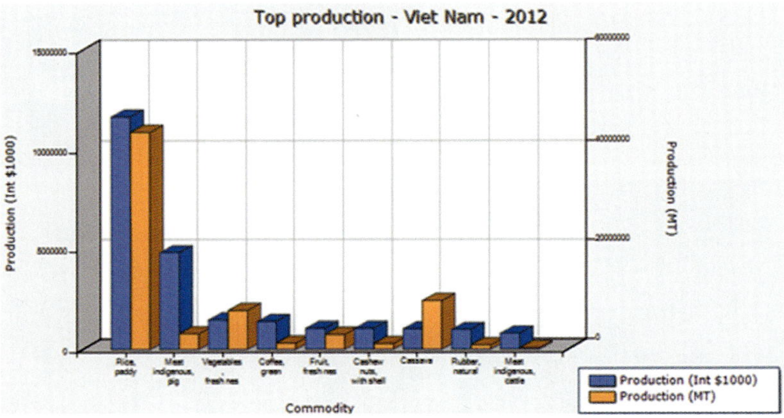

베트남의 9대 농축산물 생산량 및 생산액

베트남에서 람부탄이 가장 많이 재배되는 지역은 메콩델타(Mekong Delta) 지역의 항구도시인 빈롱 지방(Vinh Long Province)으로 주로 우기에 많이 생산된다. 베트남에 도입된 람부탄 과일나무는 수고(樹高)가 20m 까지 자라며 가지가 많고 잎이 무성하다. 매년 우기의 시작인 5월경에 열매를 맺고, 우기가 끝나는 10월경에 과일 수확이 끝난다. 람부탄 과일은 대부분 클러스터 형태로 열린다. 아름다운 색깔과 모양 때문에 이 붉고 매혹적인 람부탄 열매가 달린 나무가 자라고 있는 도로변이나 사거리에서 빨간 열매 때문에 많은 사람들의 시선을 끈다. 베트남의 대표적인 열대과수인 람부탄은 빈롱 지방(Vinh Long Province) 이외에도, 롱호 지구(Long Ho District), 빈호아푸옥 마을(Binh Hoa Phuoc Village) 등지에서 재배되고 있다.

베트남 람부탄 농장 및 시장에서 거래되고 있는 람부탄

베트남산 람부탄은 미국에서 크게 호평을 받고 있다. 최근(2012년) 중국과 한국의 새해 명절(음력설) 무렵이면 평소 1주에 2~4 컨테이너 정도의 주문량이 갑자기 20 컨테이너 정도의 물량으로 주문될 정도로 증가하고 있다. 이전의 베트남의 람부탄은 남미(南美)와의 경쟁에서 밀렸던 것이다. 왜냐하면, 항공기를 이용하여 미국으로 수출되는 베트남의 람부탄 가격은 $6.7/kg인데 반하여, 남미의 가격은 $3.00/kg에 불과하였기 때문이다. 그러나 베트남의 계절은 남미지역과 반대되기 때문에 남미지역에서 람부탄이 생산되지 않는 시기에 높은 가격에도 불구하고 베트남의 람부탄 수출이 계속 증가하고 있다.

메콩델타 지역에서 운하를 이용한 열대과수 운반 및 가공공장

베트남 산업무역부는 람부탄이 2009년도에 베트남의 모든 과일 수출액 중에서 최대금액인 $250만을 기록했다고 발표했다. 이 람부탄 과일의 주요 수출시장은 아랍에미리트연합, 한국, 네덜란드 등이

고, 지난 2012년 미국시장의 수출이 가능해지면서 매년 수출액은 증가하고 있는 추세에 있다. 또한, 베트남 람부탄의 수요가 증가하는 이유는 과일의 품질 향상을 들 수 있다. 메콩델타 지역 내의 농민들은 국제 GAP(Good Agricultural Practices) 인증서를 획득할 정도로 열대작물에 대한 관심이 높다.

베트남의 메콩델타(좌)와 빈롱 지방(우)
(http://www.abvietnamtravel.com/travel-guide/articles/op=detail%26maa=Vinh-Long
http://commons.wikimedia.org/wiki/File:Mekong_Delta_in_Vietnam.svg)

FAO에서 발표한 9대 농축산물을 포함한 베트남의 생산금액 기준으로 20대 농축산물은 아래 자료와 같다. 우선 단일 품목 생산액이 $10억 이상인 품목이 7개인데, 벼($116.8억), 돼지고기($48.6억), 신선채소($14.7억), 커피(미가공)($13.9억), 신선과일($10.5억), 캐슈넛(미탈각)($10.4억), 카사바($10.2억) 등이다. 나머지 11개 품목들은 천연고무($9.9억), 쇠고기($7.9억), 닭고기($7.5억), 사탕수수($6.2억), 망고/ 망고스틴/구아바($4.6억), 바나나($4.4억), 블랙페퍼($3.2억), 계란($2.9억), 버팔로(Buffalo) 쇠고기($2.7억), 딸기류($2.6억), 차($2.3억), 땅콩(미탈각)($2.1억), 파인애플($1.5억) 등의 순으로 밝혀졌다.

순위	품목	생산액 ($1,000)	생산량 (톤)	단가 ($/톤)
1	벼	11,680,064	43,661,570	267.51
2	돼지고기	4,857,605	3,159,950	1,537.24
3	신선채소(nes)	1,469,840	7,800,000	188.44
4	커피(미가공)	1,388,491	1,292,389	1,074.36
5	신선과일(nes)	1,050,592	3,010,000	349.03
6	캐슈넛(미탈각)	1,042,410	1,190,900	875.31
7	카사바	1,018,049	9,745,546	104.46
8	천연고무	988,014	863,773	1,143.84
9	쇠고기	791,488	292,995	2,701.37
10	닭고기	745,907	523,661	1,424.41
11	사탕수수	618,365	19,040,799	32.48
12	망고/망고스틴/구아바	464,919	775,942	599.17
13	바나나	439,344	1,560,000	281.63
14	블랙페퍼	317,440	152,300	2,084.31
15	계란	290,286	350,000	829.39
16	버팔로(Buffalo) 고기	267,370	99,330	2,691.73
17	딸기류(Berries) (nes)	261,342	150,000	1,762.28
18	차	230,668	216,900	1,063.48
19	땅콩 (미탈각)	206,349	470,622	438.46
20	파인애플	153,925	540,000	285.05

■ 중국(China)

중국의 인구는 13억 8,469만명(2014년)으로 추정되고 있으며, 이는 세계인구의 약 20%에 해당한다. 인구밀도는 145명/km^{2}이고, 기대수명은 75세이다. 2013년 현재 1인당 명목소득이 $6,747로 세계 183개국 중에서 83위를 차지하는 수준이다.

중국 지도
(http://www.naver.com/)

UN-FAO가 발표(2012년)한 중국의 20대 농축산물 생산 자료에 의하면 돼지고기의 생산액이 무려 $755.0억 수준으로 단일 품목으로 최고액을 기록하고 있다. 이어서 $100억 이상의 품목이 14개 품목이며, 대표적으로 벼($504.7억), 신선채소($256.3억), 계란($203.2억), 토마토($184.8억), 닭고기($180.4억), 쇠고기($18.5억), 사과($156.5억), 밀($141.8억) 등이다. 그 외에도 $100억 이상인 품목들은 새의 알($124.0억), 신선우유($116.8억), 감자($114.7억), 마늘($105.3억) 및 옥수수($101.3억) 등이고, 최저 품목이 땅콩($73.9억)으로 밝혀졌다. 중국의 상위 20개 품목 중에서 최저 생산품목의 생산액은 $74억(땅콩) 수준인 셈이다.

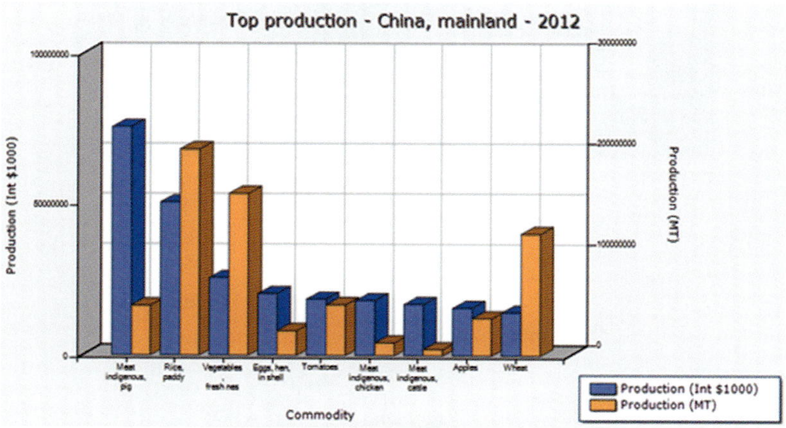

중국의 9대 농축산물

세계에서 거대한 면적(9,596,961km^2)을 지닌 중국의 농산물 생산액에서 톤(MT)당 단가가 $1,000가 넘는 품목은 6개로 밝혀졌다. 그 중 가장 높은 품목은 새의 알로서 $2,884이고, 다음으로는 쇠고기($2,701), 버섯류($1,804), 돼지고기($1,537), 면화섬유($1,429), 닭고기

순위	품목	생산액 ($1,000)	생산량 (톤)	단가 ($/톤)
1	돼지고기	75,499,284	49,113,499	1,537.24
2	벼	50,466,719	204,285,000	247.04
3	신선채소 (nes)	25,627,976	160,000,000	160.17
4	계란	20,320,031	24,500,000	829.39
5	토마토	18,478,200	50,000,000	369.56
6	닭고기	18,043,179	12,667,151	1,424.41
7	쇠고기	16,846,062	6,236,104	2,701.38
8	사과	15,647,818	37,000,000	422.91
9	밀	14,183,024	120,580,000	117.62
10	**새알(Eggs, other bird, in shell)**	12,402,150	4,300,000	2,884.22
11	신선우유	11,677,167	37,419,500	312.06
12	감자	11,470,357	85,860,000	133.59
13	마늘	10,526,800	20,000,000	526.34
14	옥수수	10,126,214	208,130,000	48.65
15	면화 섬유	9,775,755	6,840,000	1,429.20
16	버섯 & 송로버섯	9,291,929	5,150,000	1,804.26
17	오이 & 초절임	9,244,302	48,000,000	192.59
18	수박	7,573,346	70,000,000	108.19
19	칠리, 블랙 페퍼	7,532,128	16,000,000	470.76
20	땅콩(미탈각)	7,388,369	16,800,000	439.78

($1,424) 등의 순이다. 가장 낮은 품목은 옥수수($49)로 나타났고, 상위 20대 품목의 총생산액은 $3,621.2억 수준으로 집계되었다.

중국에서 람부탄은 1960년대 초에 말레이시아와 태국에서 도입되었다. 특히, 1967년 하이난(Hainan) 지역에서 어린 묘목이 성장하여 람부탄의 열매가 처음 열리게 되면서, 이 지역에서는 람부탄 재배에 관심을 갖게 되었다. 그리고 1990년대 초반부터 중국의 열대지방에 해당되는 남부의 하이난 지역과 윈난(Yunnan) 지역을 중심으로 람부탄의 상업용 재배가 빠르게 증가하기 시작하였다. 현재 이들 지역의 재배면적은 약 2,000ha 수준으로, 선발된 9개의 품종이 재배되고 있는 것으로 밝혀졌다. 특히, 'BR-4'와 'BR-7'이 중국에서 가장 널리 재배되고 있는 품종이다.

람부탄의 번식은 상업용 묘목상(苗木商)에서 주로 눈접이나 휘묻이 접목(air-layering) 등을 통하여 이루어지고 있다. 람부탄은 중국에서 인기 있는 과일이지만 리치(Lychee)나 용안(Longan)보다는 못하기 때문에 단위면적당 산출고는 약 1.2~3.0톤/ha로서 태국에 비하여 낮은 수준이다. 따라서 소규모로 람부탄이 재배되기 때문에 공급량이 비교적 적어 가격이 비싸게 형성되고 있다. 즉, 수요에 비하면 공급이 무척 부족한 실정이다. 그러나 중국에서는 람부탄 재배에 적합한 기후대(氣候帶)가 제한되어 있기 때문에 생산량 및 산업의 발전에 제약이 있고, 과수원 관리와 운영에 대한 기술의 부족 때문에 단기간내에 빠른 발전을 기대할 수가 없는 실정이다. 또 여름에 자주 발생하는 태풍 때문에 람부탄의 피해가 매우 큰 것도 람부탄 산업 발전에 큰 제약이 되고 있다.

중국에서 인기가 높은 리치와 용안

인도네시아(Indonesia)

인도네시아의 총면적은 1,904,569km^{2}이며, 인구는 2억 5,361만명(인구밀도 135명/km^2)수준이고 기대수명은 69.5세이다. IMF가 발표한 자료에 의하면 1인당 국민소득(2013년)은 $3,509로서 세계 183개국 가운데서 115위를 차지하고 있다.

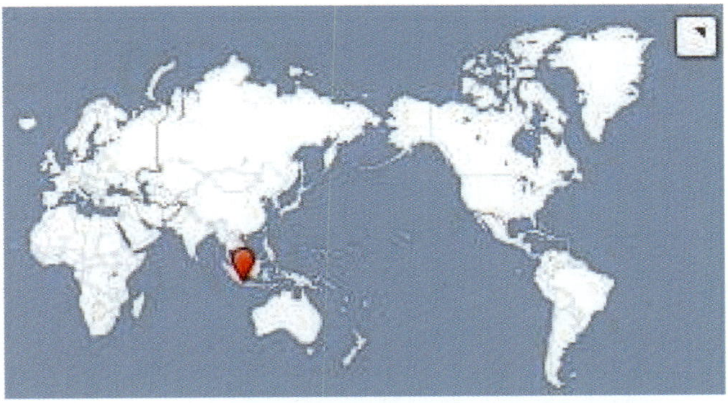

인도네시아 지도
(http://www.naver.com/)

UN-FAO가 발표한 인도네시아의 농축산물 생산 자료(2012년)에 의하면 벼의 생산액이 $187.1억 수준으로 단일 품목으로 최고액이고, 이어서 팜 오일 생산액이 $103.0억을 기록하고 있다. 나머지 품목들은 천연고무($34.8억), 닭고기($25.0억), 카사바($24.5억), 옥수수($20.1억), 코코넛($19.9억), 바나나($17.4억), 팜 핵($16.9억) 등이다.

열대과일의 여왕인 망고
(http://www.wallpaperswala.com/mango/)

인도네시아의 농산물 품목 중에서 톤(MT)당 단가가 $1,000가 넘는 품목은 7개로 밝혀졌다. 그 중 가장 높은 품목은 다른 나라와 마찬가지로 계란이 포함되지 아니한 새의 알로서 $2,884이다. 그 다음으로는 쇠고기($2,701), 돼지고기($1,537), 닭고기($1,424), 천연고무($1,144), 원두커피($1,074), 그리고 코코아 열매($1,038) 등의 순으로 밝혀졌다. 가장 낮은 품목은 사탕수수($33)로 나타났다. 인도네시

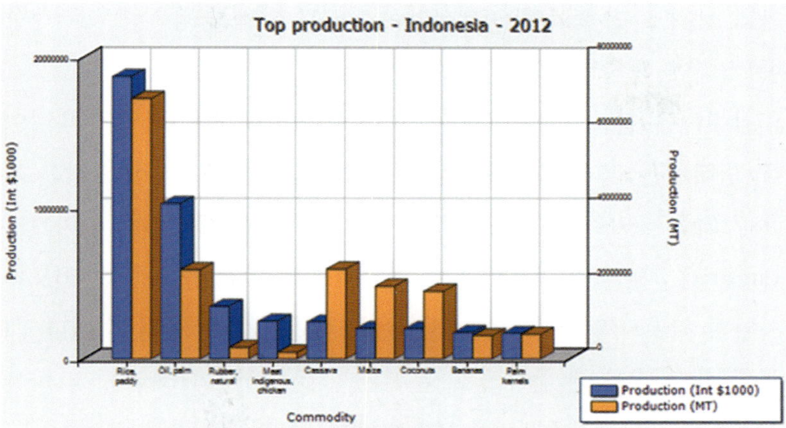

인도네시아의 9대 농산품

순위	품목	생산액 ($1,000)	생산량 (톤)	단가 ($/톤)
1	벼	18,712,225	69,045,141	271.01
2	팜 오일	10,298,669	23,672,000	435.06
3	천연고무	3,477,716	3,040,400	1,143.84
4	닭고기	2,495,157	1,751,716	1,424.41
5	카사바	2,448,829	23,922,075	102.37
6	옥수수	2,012,639	19,377,030	103.87
7	코코넛	1,990,314	18,000,000	110.57
8	바나나	1,743,029	6,189,052	281.63
9	팜 핵	1,688,098	6,540,000	258.12
10	망고/망고스틴/구아바	1,423,824	2,376,339	599.17
11	열대과일 (nes)	1,286,290	3,147,488	408.67
12	돼지고기	1,154,622	751,100	1,537.24
13	쇠고기	1,115,678	413,003	2,701.38
14	코코아 열매	972,336	936,300	1,038.49
15	계란	878,544	1,059,266	829.39
16	사탕수수	864,979	26,341,600	32.84
17	**새알(Eggs, other bird, in shell)**	796,674	276,218	2,884.22
18	녹색 칠리 & 페퍼	779,865	1,656,615	470.76
19	원두 커피	706,069	657,200	1,074.36
20	부추와 기타 파속 채소	533,999	596,824	894.73

아의 상위 20대 품목의 총생산액은 FAO가 세계 공통기준으로 사용한 가격에 의하면 $553.8억 수준으로 나타났다.

람부탄은 원산지가 말레이시아/인도네시아인 열대과일의 하나이다. 람부탄은 저(低)지대에서부터 해발 600m에 이르는 비가 많은 기후 지역에서 자란다. 인도네시아 람부탄의 생산 중심부는 수마트라(Sumatra), 자바(Java), 그리고 칼리만탄(Kalimantan)을 포함한 인도네시아의 서부지역이다. 인도네시아에는 많은 람부탄 품종이 있다. 그 중에 매우 우수한 품종으로 분류된 것은 '빈자이'(Binjai), '라피아'(Rapiah), '레박불루스'(Lebak Bulus), 그리고 '가루다'(Garuda) 등이다.

인도네시아에서 람부탄의 수확시기는 9월에서 익년 4월까지이다. 수확량은 매년 일정하지 않고 해거리를 하는 경향이 있지만 대략 263,000~350,000톤 수준이다. 이는 인도네시아 전체 과일 생산량의 3.5%에 불과한 수량이다. 인도네시아는 람부탄을 아랍에미리트(UAE), 네덜란드(Netherlands), 사우디아라비아(Saudi Arabia), 타이완(Taiwan), 싱가포르(Singapore), 독일(Germany), 프랑스(France), 그리고 필리핀(Philippines) 등으로 수출하고 있다.

■ 중남미(Central America): 열대지역

중남미 지역[10]은 총 면적이 524,000km²로서 지구표면의 약 0.1%이며, 인구(2009년)는 약 41,739,000명이다. 인구밀도는 평균 77.3명/km²으로 파악되고 있으나, 벨리즈(Belize)의 14명/km²에서 과테말라(Guatemala)의 116명/km²에 이르기까지 국가별 차이가 크다. 기대수명 역시 벨리즈의 70.0세에서 파나마(Panama)의 80.7세까지 다양한 실정이다. 그리고, IMF에서 발표한 자료(2013년)에 의하면 파나마(Panama)의 1인당 명목 국민소득은 $10,838로 세계 183개국 중에서 63위에 해당된다.

UN-FAO가 발표(2012년)한 중남미 지역의 농축산물 생산 자료에 의하면 최근 쇠고기의 생산액이 $72.7억 수준으로 단일 품목으로 최고액을 기록하고 있는 것으로 파악되었다. 일반적으로 중남미 지역은 7개의 작은 국가이기 때문에 품목별 생산액도 매우 영세한 수준이라고 볼 수 있다. 생산금액기준의 9대 품목 중에서 쇠고기, 닭고기, 우유의 3개 품목이 육류이고, 이어서 사탕수수, 달걀, 바나나, 돼지고기, 토마토, 옥수수 순으로 나타났다.

생산품목에서 $10억 이상의 품목은 14개 품목으로, 닭고기($51.2억), 신선우유($45.4억), 사탕수수($32.4억), 계란($23.0억), 바나나($22.3억), 돼지고기($21.8억), 토마토($14.8억), 옥수수($14.6억), 망고/망고스틴/구아바($12.3억), 원두커피($12.1억), 그린 칠리(Chili) & 페퍼($11.5억), 파인애플($10.8억), 아보카도($10.1억) 등의 순이다. 농산물 생산액의 품목별 차이는 최저 $4.6억(팜 오일)에서 $72.7억(쇠고기)이다.

---

10 여기에서 말하는 중남미(Central America) 지역은 7개 국가로 구성되어 있는데, 벨리즈(Belize), 코스타리카(Costa Rica), 엘살바도르(El Salvador), 과테말라(Guatemala), 온두라스(Honduras), 니카라과(Nicaragua), 그리고 파나마(Panama)이다.

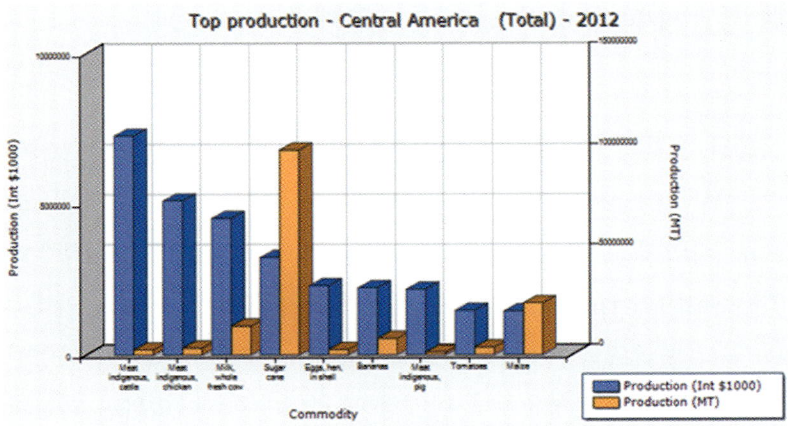

중남미 9대 농축산물

블랙페퍼(Black Pepper)
(http://0.tqn.com/d/treesandshrubs/1/0/B/J/-/-/BlackpepperPipernigrumFlickrSteenbergs.jpg)

한편, 농산물 생산액에서 톤(MT)당 단가가 $1,000가 넘는 품목은 6개로 밝혀졌다. 가격이 높은 품목은 팜 오일(Palm Oil) $4,208이고, 다음으로는 쇠고기($2,701), 돼지고기($1,537), 닭고기($1,424), 딸기($1,357), 원두커피($1,074) 등의 순으로 밝혀졌다. 가장 낮은 품목은 사탕수수($32)로 나타났다. 이 지역의 상위 20대 품목의 총생산액(FAO 세계 공통기준)은 $397.4억 수준으로 나타났다.

순위	품목	생산액 ($1,000)	생산량 (톤)	단가 ($/톤)
1	쇠고기	7,273,824	2,692,637	2,701.38
2	닭고기	5,119,628	3,594,217	1,424.41
3	신선우유	4,540,458	14,567,004	311.69
4	사탕수수	3,239,353	102,054,243	31.74
5	계란	2,295,079	2,767,192	829.39
6	바나나	2,225,874	8,299,798	268.18
7	돼지고기	2,184,628	1,421,135	1,537.24
8	토마토	1,477,746	3,998,620	369.56
9	옥수수	1,455,196	25,920,416	56.14
10	망고, 망고스틴, 구아바	1,230,950	2,054,436	599.17
11	원두커피	1,213,754	1,129,746	1,074.36
12	녹색 칠리 & 페퍼	1,154,287	2,451,975	470.76
13	파인애플	1,076,871	3,777,885	285.05
14	아보카도	1,007,580	1,454,024	692.96
15	대두(건조)	940,730	1,649,937	570.16
16	오렌지	932,777	4,826,587	193.26
17	레몬 & 라임	904,676	2,281,764	396.48
18	딸기	507,468	373,886	1,357.28
19	밀	493,922	3,283,287	150.44
20	팜 오일	461,242	1,060,188	4,207.97

■ 카리브 군도(Caribbean Islands)

중남미 열대지역에 속한 카리브 군도(Caribbean Islands)[11]는 약 700개 이상의 크고 작은 섬들로 구성되어 있는데, 주권국가와 다른 나라의 종속영토로 되어 있다. 총 면적은 2,754,000km^{2}이지만 총 육지면적은 239,681km^{2}이다. 총 인구는 39,169,962명(2009년)이고 인구밀도는 151.5/km^{2}이며, 기대수명(2011년)은 77.4세로 파악되고 있다.

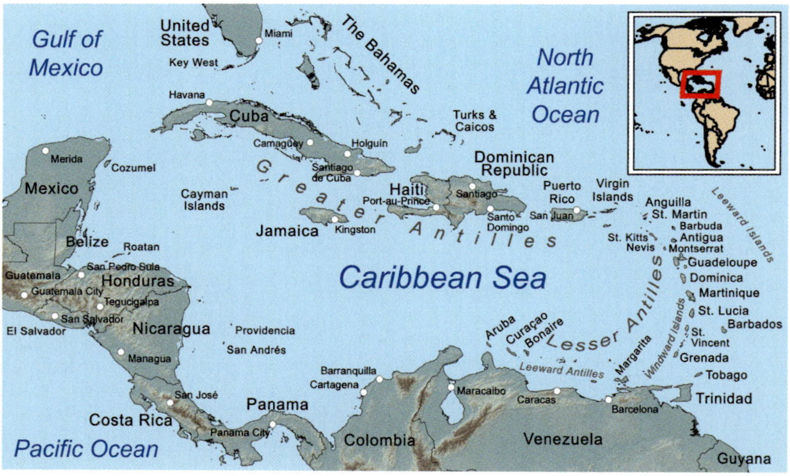

카리브 지역 지도
(http://en.wikipedia.org/wiki/List_of_islands_in_the_Caribbean)

11 카리브 군도의 주된 언어는 스페인어, 영어, 불어, 네덜란드어 등이고, 13개의 주권 국가 외에 다른 국가에 종속된 영토 17개가 있다. 여기에 속한 큰 도시들은 도미니카 공화국의 산토도밍고(Dominican Republic Santo Domingo), 쿠바의 하바나(Cuba Havana), 아이티의 포토프린스(Haiti Port-au-Prince), 자메이카 킹스턴(Jamaica Kingston), 쿠바의 산티아고데쿠바(Cuba Santiago de Cuba), 푸에르토리코 산후안(Puerto Rico San Juan), 마르티니크 포르트드프랑스(Martinique Fort-de-France), 트리니다드 & 토바고 포트오브스페인(Trinidad and Tobago Port of Spain) 등을 들 수 있다.

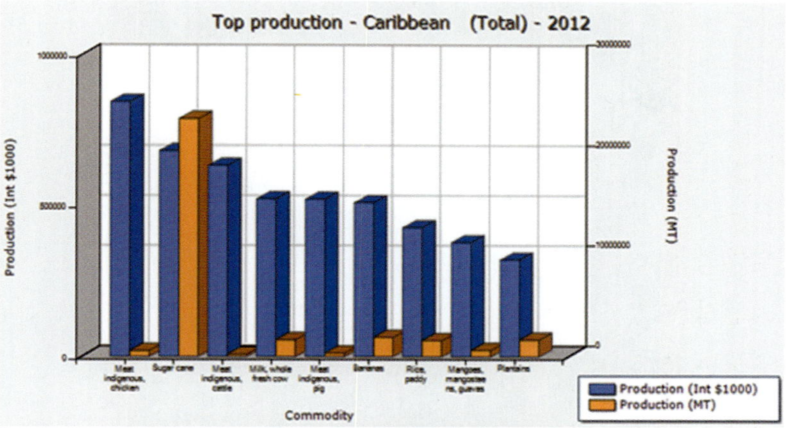

카리브 지역의 9대 농축산물

IMF에서 발표한 국민소득은 여러 군도(群島) 상호간에 워낙 차이가 많이 난다. 그중에서 트리니다드 토바고(Trinidad & Tobago)의 1인당 명목국민소득(2013년)은 $20,610이었으며, 세계 183개국 중에서 39위에 해당하는 수준이다.

FAO가 발표한 카리브 지역의 농축산물 생산 자료에 의하면 품목별로 $5.0억 이상인 경우가 6개 품목인데, 영토가 좁고 작은 섬 지역들이기 때문에 농축산물의 생산량이나 금액이 크지 않은 실정이다. 특히, 열대지역이기 때문에 다양한 열대과일과 작물이 많이 생산될 것으로 예상되지만 생산금액으로 볼 때 상위권에 해당하는 품목은 절반 정도에 지나지 않는다. 그것은 단위당 가격이 상대적으로 낮기 때문인 것으로 분석된다. 농산물 생산액(2012년)에서 $5.0억 이상인 품목은 닭고기($8.4억), 사탕수수($6.8억), 쇠고기($6.3억), 신선우유($5.2억), 돼지고기($5.2억), 그리고 바나나($5.1억) 등 6개 품목에 불과하다. 그리고 최하위는 코코아[12] 열매로서 $0.9억 수준에 불과한 실정이다.

12 카카오(Cacao)나무는 코코아(Cocoa Beans)가 열리는 나무이다. 코코아 열매는 카카오나무 열매 안에 있는데, 그 안에 있는 작은 열매를 건조시킨 후 볶아서 갈면 코코아 가루(Cocoa Powder)가 된다.

카카오(Cacao) 나무와 열매
(http://www.pinterest.com/pin/107171666105633031/)

한편, 카리브 지역의 농산물 생산액에서 톤(MT)당 단가가 $1,000이 넘는 품목은 4쇠고기($2,701), 돼지고기($1,537), 닭고기($1,424), 그리고 코코아 열매 ($1,038) 등의 순이다. 가장 낮은 품목은 사탕수수($29)로 나타났다. 그리고 상위 20대 품목의 총생산액(FAO가 사용한 가격 적용)은 겨우 $68.5억 수준으로 경제 규모가 매우 영세하다.

순위	품목	생산액 ($1,000)	생산량 (톤)	단가 ($/톤)
1	닭고기	843,961	592,500	1,424.41
2	사탕수수	681,337	23,631,276	28.83
3	쇠고기	632,518	234,147	2,701.37
4	신선우유	522,076	1,673,138	312.03
5	돼지고기	520,885	338,844	1,537.24
6	바나나	509,459	1,904,854	267.45
7	벼	426,572	1,599,716	266.65
8	망고, 망고스틴, 구아바	377,599	631,074	598.34
9	질경이	320,264	1,665,429	192.30
10	토마토	305,128	825,642	369.56
11	파파야	286,776	1,010,467	283.81
12	아보카도	231,353	357,063	647.93
13	계란	205,192	247,401	829.39
14	얌(고구마)	196,733	891,959	220.56
15	파인애플	174,906	613,605	285.05
16	신선과일 (nes)	143,726	411,782	349.03
17	대두(건조)	130,726	225,093	580.76
18	신선채소 (nes)	125,626	1,026,661	122.36
19	카사바	121,661	1,323,037	91.96
20	코코아 열매	91,174	87,795	1,038.49

중남미 열대지역과 카리브 지역에서도 열대과일의 수출잠재력이 계속 증가추세에 있다. 종전의 바나나, 파인애플과 망고 같은 전통적인 수출 과일 외에도 비전통적인 수출과일에 대한 수출시장의 확대 및 개발에는 상당한 여지가 남아있다. 비록 람부탄은 소규모로 재배되고 있지만 비슷한 여건에 있는 리치나 용안은 중남미 지역과 카리브 열대지역에서 재배확대는 물론이고 수출시장 확대의 잠재력을 가지고 있다.

■ 미국(United States of America)

국토 면적은 9,826,675km^{2}이며, 인구는 317,928,000명으로 인구밀도는 34.2명/km^{2}이다. 최근 IMF에서 조사된 자료(2013년)에 의하면 1인당 국민소득은 $53,101 수준인데, 이는 세계 183개국 가운데서 9위에 해당되고, 기대수명(2011년)은 78.6세이다.

미국 지도
(http://www.naver.com/)

미국은 대표적인 열대과일 생산국이 아니지만, 남부지역에서 상당량의 과일을 생산하고 있다. UN-FAO의 발표된 통계자료(2012년)에 의한 주요 농축산물 중에서 생산액이 $100억이 넘는 품목이 6개 품목인데, 이 가운데서 4개 품목이 육류에 해당하고 2개 품목이 곡류에 해당한다. 특히, 쇠고기의 생산액이 $301.8억으로서 가장 높았고, 다음으로 신선우유($282.2억), 닭고기($242.7억), 옥수수($222.3억), 대두($212.3억), 돼지고기($152.5억), 밀($86.7억), 면화섬유($51.4억), 그리고 토마토($48.8억) 등의 순으로 나타났다. 미국에서 상위 20개 농축산물 품목 중에서 가장 낮은 오렌지는 $15.8억 수준으로, 세계 농산물 수출시장을 압도하고 있는 미국의 위력을 엿볼 수 있다.

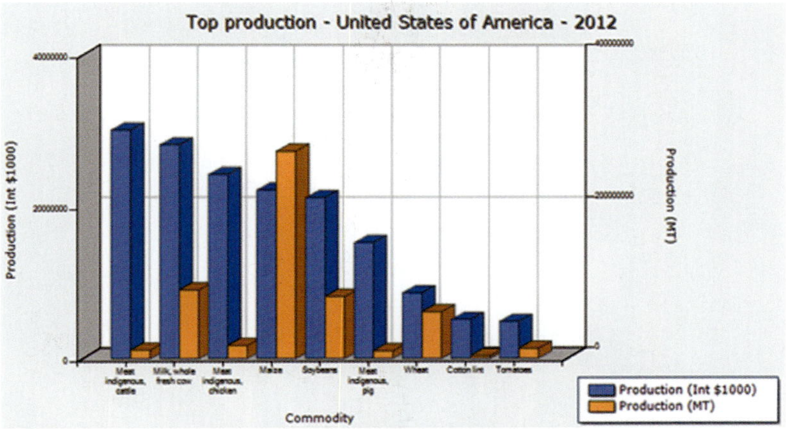

미국의 9대 농축산물

한편, 생산액이 $1,000/ton이 넘는 품목은 7개로 밝혀졌고, 다른 나라와 달리 탈각되지 않은 아몬드(Almonds with shell)가 $2,951로 최고 단가를 기록하고 있다. 다음으로는 쇠고기($2,701), 돼지고기($1,537), 면화섬유($1,429), 닭고기($1,424), 딸기($1,357), 그리고 칠면조 고기($1,307) 등의 순으로 밝혀졌다. 가장 낮은 품목은 옥수수($81)였다. 그리고 미국의 20대 품목의 총생산액은 $1,881.2억 수준으로 매우 높았지만 중국($3,621.2억)의 51.9%에 해당되는 금액이다.

아몬드(Almond)
(http://www.motherearthnews.com/renewable-energy/california-almonds-zb01210zrob.aspx#axzz323eOQc93)

미국에서 상업용 람부탄의 생산은 플로리다, 하와이, 푸에르토리코 그리고 캘리포니아 지역에 집중되어 있다. 재배면적은 하와이가 약 99ha 정도로 가장 넓고, 푸에르토리코(Puerto Rico)에서는 4ha 정도를 재배하고 있는 실정이다. 하와이에서 재배되는 주요 품종은 'R3', 'R9', '빈자이'(Binjai), 그리고 'R156'이고, 푸에르토리코는 'R167'이다.

순위	품목	생산액 ($1,000)	생산량 (톤)	단가 ($/톤)
1	쇠고기	30,182,474	11,173,000	2,701.38
2	신선우유	28,219,676	90,865,000	310.57
3	닭고기	24,269,046	17,038,000	1,424.41
4	옥수수	22,233,636	273,832,130	81.19
5	대두	21,230,301	82,054,800	258.73
6	돼지고기	15,252,459	9,921,970	1,537.24
7	밀	8,666,591	61,755,240	140.34
8	면화 섬유	5,142,276	3,598,000	1,429.20
9	토마토	4,880,813	13,206,950	369.56
10	계란	4,507,869	5,435,168	829.39
11	포도	3,808,010	6,661,820	571.62
12	칠면조 고기	3,456,856	2,645,000	1,306.94
13	감자	2,987,383	19,165,865	155.87
14	벼	2,479,417	9,048,220	274.02
15	쉘 아몬드(shell almond)	2,124,698	720,000	2,950.97
16	딸기	1,855,197	1,366,850	1,357.28
17	상추와 치커리	1,811,856	3,875,520	467.51
18	사과	1,738,196	4,110,046	422.91
19	풋옥수수	1,695,081	4,096,190	413.82
20	오렌지	1,578,238	8,166,480	193.26

■ 호주(Australia)

호주는 총면적이 7,741,220km²일 정도로 매우 거대한 나라이며, 인구(2014년)는 23,462,699명이고 인구밀도는 2.91명/km²이다. 기대수명은 82.2세로 추정되고 있으며, IMF에서 발표(2013년)에 의하면 1인당 국민소득은 $64,863로 세계 183개국 중에서 5위이다.

호주 지도
(http://www.naver.com/)

호주의 미래 과일산업은 지속해서 성장할 것으로 IBISWorld[13] 연구자는 전망하고 있다. 이와 같은 낙관적 예측은 안정적인 국내 · 외 수요, 과수 재배에 필요한 풍부한 수자원, 그리고 유기농(有機農) 과일에 대한 인기에 대응한 생산 및 성장 가능성에 근거하고 있다.

UN-FAO에서 발표한 호주의 주요 농축산 품목의 통계자료(2012년)를 살펴보면 생산액이 $10억이 넘는 품목이 6개를 차지하고 있다. 이 가운데 4개 품목이 육류에 해당하고 2개 품목이 작물에 해당한다. 우선 쇠고기의 생산액은 $62.0억으로서 가장 높은 품목이고, 이어서 밀($41.2억), 신선우유($29.5억), 양고기($16.5억), 닭고기($14.8억), 그리고 면화섬유($13.9억), 유채씨($9.5억), 포도($9.5억), 사탕수수($8.5억) 등이다.

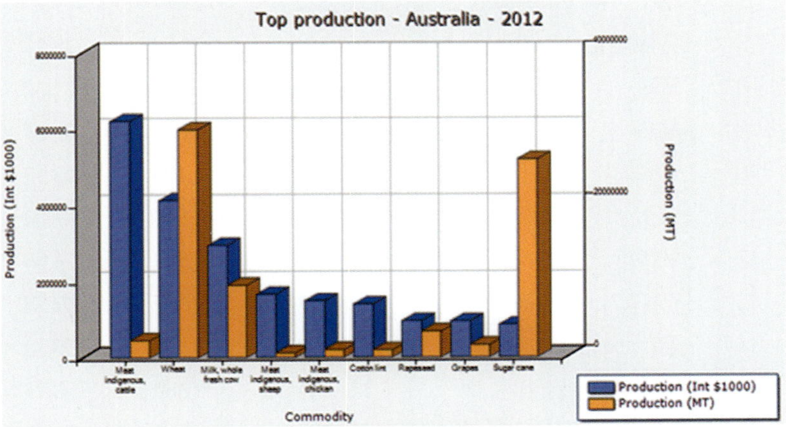

호주의 9대 농축산물

한편, 호주의 농산물 중에서 생산액이 톤(MT)당 단가가 $1,000이 넘는 품목은 7개로 밝혀졌다. 가장 높은 품목은 쉘 아몬드(almonds

13 IBISWorld는 호주의 시장연구소이다.

with shell)가 $2,951로 최고 단가를 기록하고 있다. 그 다음으로는 양고기($2,723), 쇠고기($2,701), 양모($1,913), 돼지고기($1,537), 면화 섬유($1,429), 닭고기($1,424) 등의 순으로 밝혀졌다. 가장 낮은 품목은 옥수수($33)로 나타났다. 그리고 호주의 상위 20대 품목의 총생산액은 약 $250.0억 수준으로 나타났다.

순위	품목	생산액 ($1,000)	생산량 (톤)	단가 ($/톤)
1	쇠고기	6,195,400	2,293,424	2,701.38
2	밀	4,118,269	29,905,009	137.71
3	신선우유	2,945,897	9,480,132	310.74
4	양고기	1,653,990	607,459	2,722.80
5	닭고기	1,480,976	1,039,714	1,424.41
6	면화 섬유(cotton lint)	1,391,326	973,497	1,429.20
7	유채씨(rapeseed)	953,364	3,427,294	278.17
8	포도	946,953	1,656,621	571.62
9	사탕수수	852,353	25,957,093	32.84
10	양모	692,740	362,100	1,913.12
11	보리	600,486	8,220,863	73.04
12	목화씨	553,010	1,693,500	326.55
13	돼지고기	538,647	350,399	1,537.24
14	콩(pulses) (nes)	520,887	937,139	555.83
15	쉘 아몬드(미탈각)	421,044	142,680	2,950.97
16	**병아리 완두콩(chick peas)**	319,333	673,371	474.23
17	벼	253,116	918,733	275.51
18	감자	194,146	1,288,186	150.71
19	렌즈콩(lentils)	189,071	463,000	408.36
20	계란	178,058	214,686	829.39

호주의 유기농 과수원은 성공적으로 리치와 람부탄을 잘 재배하여 상업용으로 생산하고 있다. 최근 유기농산물 시장은 빠르게 성장하고 있는 농산물 시장 중의 하나이다. FAO에서는 부가가치가 높은 열대과수 생산을 위해 리치와 람부탄과 같은 열대과일의 유기생산에 대한 연구의 필요성을 지적하고 있으며, 호주에서는 리치와 람부탄을 유기적으로 재배하고 있다.

열대과수 농장에서 최선의 농법은 효율적 영양분, 잡초 및 병해충 관리를 통해서 고품질 과일의 높은 산출고를 올릴 수 있게 하는 것이다. 호주에서는 곤충을 방제하는 식물과 기타 유기적 방제법의 이용으로 병해충의 큰 감소가 이뤄졌다. 병해충 종합관리(IPM: Integrated Pest Management) 관측조사에 의하면 유기농이 가장 적은 수의 해충종류를 갖고 있는 것으로 밝혀졌다. 토양조사에 의하면 토양비옥도가 향상되어 단위면적당 산출고도 계속 증가하면서 그 신뢰성이 높아지고 있다. 호주의 과일은 수출에 맞는 품질에 도달하고 있으며, 일본, 홍콩, 런던 및 싱가포르에 성공적으로 수출되고 있다.

퀸즐랜드(Queensland)에서 상업용으로 재배되고 있는 리치와 람부탄 농장에서 3년 동안 잎과 토양조사를 실시하였는데, 과수의 영영상태 및 산출고는 비료와 직접적인 연관성을 발견할 수 없었다고 발표하였다. 조사된 상업용 열대과수 농장의 토양에서는 비교적 높은 양분 상태를 유지하고 있었다. 즉, 농장에서 비료를 시비하고 있기 때문에 영양분 이외의 전정(剪定)과 개화가 산출고에 더 중요한 역할을 한 것으로 사료된다.

■ 스리랑카(Sri Lanka)

UN-FAO의 통계자료(2012년)에 의하면 주요 농축산의 생산액이 $10억이 넘는 품목은 벼가 유일하다. 이는 스리랑카가 섬나라이고, 국토면적이 65,610km^{2}에 불과할 정도로 좁은 국가이기 때문에 농축산물의 생산량이 낮다고 생각된다. 총인구는 20,263,723명이고 인구밀도는 323명/km^{2}이며, 기대수명은 74.6세이다. IMF에서 조사한 자료(2013년)에 의하면 1인당 국민소득은 $3,161인데, 이것은 전세계 183개국 중에서 122위 수준이다.

스리랑카 지도
(http://www.naver.com/)

스리랑카의 주요 농축산 품목의 생산액은 벼($10.4억)가 제일 높고, 이어서 차($3.5억), 코코넛($2.2억), 천연고무($1.7억), 닭고기($1.5억), 그리고 질경이($1.3억) 등의 순으로 나타났고, 최저 생산액은 카사바($0.23억)로 발표되었다.

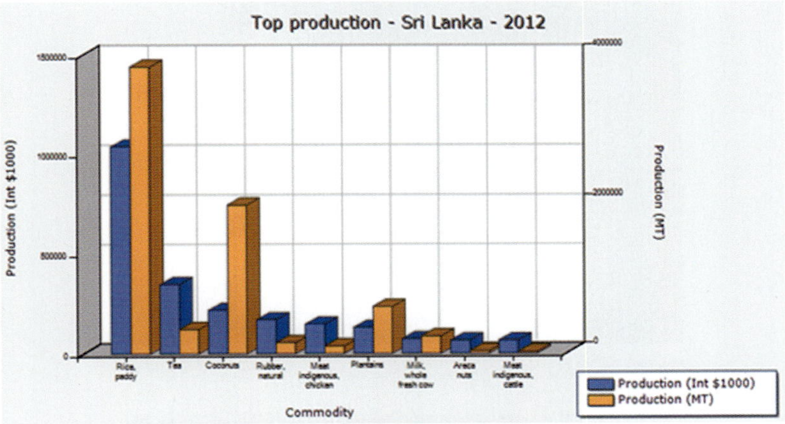

스리랑카의 9대 농축산물

한편, 스리랑카의 주요 농산물 생산액에서 톤(MT)당 단가가 $1,000가 넘는 품목은 6개로 밝혀졌다. 그 중 가장 높은 품목은 쇠고기($2,701), 블랙 페퍼($2,084), 아레카 넛(Areca nuts, $1,747)[14], 닭고기($1,424), 천연고무($1,144), 그리고 차($1,063) 등의 순으로 밝혀졌다. 스리랑카의 상위 20대 품목의 총생산액(FAO 자료)은 겨우 약 $26.5억 수준으로 나타났다.

14 국제암연구소에 의하면 열대지역에서 자라는 아레카 넛에는 암을 유발시킬 수 있는 물질이 함유되어 있다고 발표되었다(http://en.wikipedia.org/wiki/Areca_nut). 이 아레카 넛은 흔히 베틀(bete, 후추과의 덩굴 식물)의 잎에 싸서 씹어서 섭취하는데 주로 흥분제 역할을 한다. 그 부작용은 심장병, 구강암 및 뇌암 등을 유발할 수 있다고 한다. 이러한 품목이 주요 농축산 품목의 공식적 통계에 포함되고 있다는 것이 의아스럽다.

아레카 넛(Areca Nuts)
(http://upload.wikimedia.org/wikipedia/commons/a/aa/Betel_nut.jpg)

람부탄은 스리랑카의 습한 지역에 가장 적합한 작물이다. 일반적으로 개화는 계절에 큰 영향을 받지만 2~3월에 개화하여 과일은 7~8월에 익는다. 그리고 기후조건에 따라서 12월에서부터 익년 2월 사이에 추가로 소량의 수확이 이뤄지는 경우도 있다.

람부탄은 맛이 좋지만 재배지역이 한정되어 있기 때문에 수요가 매우 높은 과일이다. 현재는 국내소비 수요가 높지만 점차 수출 잠재력이 높아지고 있는 실정이다. 최근 수출량은 많지 않지만 프랑스, 독일 및 영국 등의 유럽으로 수출되고 있다. 일반적으로 수확은 7~8월이고 수확량이 많으면 과일의 가격이 낮아지게 마련이다. 하지만 '말와나'(Malwana)와 같은 품종은 수확량에 상관없이 2~7루피(Rupee)[15] 정도의 높은 가격을 형성하기도 한다. 물론 람부탄의 수확량이 적은 12월부터 익년 2월 사이에는 수확기보다 더 높은 가격이 형성된다. 농가의 소득을 높이기 위해서는 고품질 재료와 올바른 관리방법, 수확 후 상품가치 손실 최소화, 그리고 수확기간이 장기간인 품종 개발 등이 필요하다.

순위	품목	생산액 ($1,000)	생산량 (톤)	단가 ($/톤)
1	벼	1,041,032	3,845,950	270.68
2	차	350,947	330,000	1,063.48
3	코코넛	221,146	2,000,000	110.57
4	천연고무	172,262	150,600	1,143.84
5	닭고기	148,253	104,081	1,424.40
6	질경이	131,380	636,350	206.46
7	신선우유	73,225	234,650	312.06
8	아레카 넛 (Areca nuts)	65,874	37,700	1,747.32
9	쇠고기	65,648	24,302	2,701.34
10	계란	57,170	68,930	829.39
11	블랙 페퍼	52,003	24,950	2,084.29
12	망고, 망고스틴, 구아바	48,317	80,640	599.17
13	부추와 기타 파속 채소	31,709	35,440	894.72
14	토마토	31,095	84,140	369.56
15	녹색 칠리 & 페퍼	30,265	64,290	470.76
16	양파 (건조)	27,731	141,220	196.37
17	가지 (암자색)	27,236	127,390	213.80
18	신선우유 (버팔로)	24,614	61,710	398.87
19	신선과일 (nes)	22,897	65,600	349.04
20	카사바	22,733	290,160	78.35

15 미국 달러와 루피(Rs)의 환율(2014년)은 USD1.00 = Rs.130 내외이며, 공시적으로 LKR(Sri Lanka Rupee)로 표기하고 있다.

상품가치가 높은 람부탄을 생산하기 위해서는 기온은 27~30℃이고 상대습도는 75~80% 정도가 적합하다. 또한, 수목의 건전한 뿌리 발달을 위해서 토심은 2~3m 정도가 필요하며, 유기물이 많고 배수(排水)가 잘되는 토양이 좋다. 람부탄을 식재하는 시기는 우기가 시작될 때가 좋으며, 번식은 다른 과수와 마찬가지로 접목이나 휘묻이 방법이 자주 사용된다. 그리고 어린 묘목의 경우 햇볕 데임 피해를 예방하기 위해 차양막(shade) 시설이 필요하며, 건기에는 관개수를 실시해야 한다. 일반적으로 람부탄은 접목하여 수령 8년 이상이 되면 1그루당 100~150kg의 과일을 수확할 수 있다. 수목의 식재 간격은 10m로서 100그루/ha를 심는다. 과일 수확은 실생묘의 경우 7~8년이 소요되고, 접목묘는 3~4년 정도면 과일을 생산할 수 있다.

■ 캄보디아(Cambodia)

캄보디아의 국토면적은 181,040km^2으로 대한민국(100,210km^2)의 약 1.8배 수준이다. 총인구는 1,520만 명(인구밀도는 212명/km^2)이고, 기대수명은 71.1세이다. IMF에서 발표한 1인당 국민소득(2013년)은 $1,015로서 전세계 183개국 중에서 154위를 차지하고 있다.

캄보디아 지도
(http://www.naver.com/)

UN-FAO의 통계자료(2012년)에서 발표한 농축산물 중에서 생산액이 $10억을 넘는 품목은 벼가 유일하다. 벼의 생산액은 $24.5억 수준이고, 이어서 카사바($8.0억), 쇠고기($1.7억), 돼지고기($1.4억), 옥수수($1.3억), 신선채소($1.2억), 천연고무($0.50억), 바나나($0.45억), 대두($0.44억) 등의 순으로 나타났다.

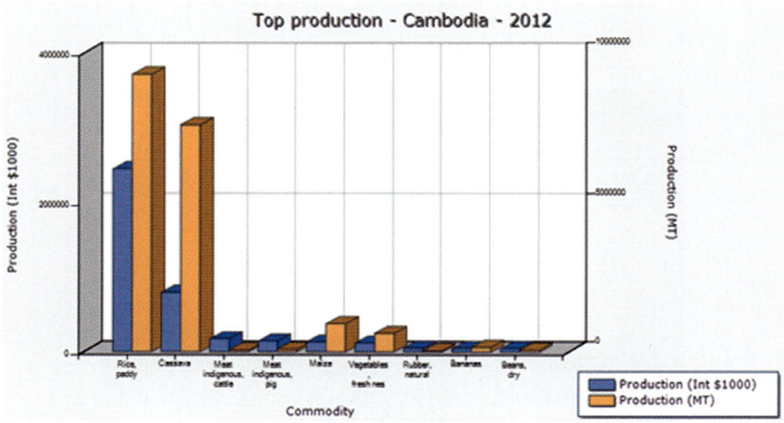

캄보디아의 9대 농축산물

한편, 캄보디아의 농산물 생산액에서 톤(MT)당 단가가 $1,000이 넘는 품목은 8개로 밝혀졌다. 생산액이 가장 높은 품목은 새의 알($2,884)이고, 다음으로는 쇠고기($2,701), 쇠고기(Buffalo, $2,692), 오리고기($1,648), 담배(비가공)($1,593), 돼지고기($1,537), 닭고기($1,424), 그리고 천연고무($1,144) 등의 순이다. 생산액이 가장 낮은 품목은 사탕수수($31)로 나타났으며, 상위 20대 품목의 총생산액은 겨우 약 $42.1억 수준이다.

순위	품목	생산액 ($1,000)	생산량 (톤)	단가 ($/톤)
1	벼	2,454,555	9,290,940	264.19
2	카사바	795,350	7,613,697	104.46
3	쇠고기	171,808	63,600	2,701.38
4	돼지고기	142,640	92,790	1,537.23
5	옥수수	131,225	950,909	138.00
6	신선채소 (nes)	118,341	628,000	188.44
7	천연고무	49,724	43,471	1,143.84
8	바나나	45,061	160,000	281.63
9	대두(건조)	43,580	74,677	583.58
10	망고, 망고스틴, 구아바	38,347	64,000	599.17
11	대두	32,182	120,165	267.82
12	닭고기	26,886	18,875	1,424.42
13	쇠고기 (버팔로)	26,357	9,792	2,691.69
14	담배 (비가공)	25,484	16,000	1,592.75
15	신선과일 (nes)	25,479	73,000	349.03
16	참깨	17,918	26,764	669.48
17	사탕수수	17,724	573,771	30.89
18	계란	15,344	18,500	829.41
19	오리고기	14,828	9,000	1,647.56
20	**새알(Eggs, other bird, in shell)**	13,700	4,750	2,884.21

람부탄은 캄보디아말로 사오마오(sao mao)라고 부른다. 람부탄은 리치와 용안과 맛과 모양이 비슷하여 형제과일이라 한다. 일반적으로 람부탄은 새콤하고 과즙이 많아 전세계적으로 간식으로나 별식으로 애용된다. 최근 람부탄은 신선과일로 소비되기도 하고 통조림이나 잼 등으로 가공되어서 소비되고 있다. 캄보디아 열대과수 생산의 특징은 대부분의 농민들이 퇴비나 가축의 분뇨 등과 같은 자연적 비료를 사용하고 화학적 비료를 사용하지 않는다는 점이다. 그러나

태국이나 베트남과 같은 인근 국가에서 수입한 대부분의 신선과일은 농약과 화학적 비료를 사용한 과일들이 대부분이다.

람부탄 가공 기법 개발을 위한 연구실

캄보디아 버팔로(buffalo)
(http://true-wildlife.blogspot.com/2011/04/water-buffalo.html)

람부탄 과수농장

람부탄 꽃

Chapter 3.

람부탄 과수

■ 람부탄 나무

람부탄은 상록수로서 수고는 전정을 하지 않은 경우 12~20m 정도까지 자라지만 품종과 지역에 따라서 큰 차이를 보인다. 그러나 수확작업의 편의를 위해 수고를 4~8m 정도로 조절하고 있다. 잎은 깃 모양으로 비대칭적으로 3~11개 정도 달리고, 길이는 10~30cm이다.

람부탄 줄기 및 잎

람부탄 목재는 꽤 단단하고 무겁지만 목재로서의 가치는 거의 없다. 그리고 벌레에 저항성이 강하여 농약 등의 약제를 사용하지 않아도 과일의 수확이 가능하지만 곰팡이병에는 약한 경향이 있다.

꽃은 원판모형이고 15~30cm의 넓은 원추꽃차례이며, 길이는 2.5~5.0mm로 작으며 꽃받침이 없다. 꽃은 수술과 암술만 달려서 과일을 맺을 수 없는 수(male)나무와 암(female)나무, 그리고 소수의 수꽃과 다수의 암꽃을 동시에 소유한 자웅동체의 세가지 종류가 존재한다.

람부탄 꽃

람부탄은 개화에서 과일이 성숙하기까지 약 90일 정도가 걸린다. 처음에는 녹색 람부탄이 열려서 점차 노란색으로 그리고 붉은색으로 바뀌는데 때로는 성숙 속도가 빨라서 녹색에서 붉은색으로 변하는데 불과 5~10일 정도 걸리기도 한다.

람부탄 미성숙(좌) 및 성숙한(우) 과일

과일은 3~6cm의 둥글고 계란형 핵과이며, 10~20개 과실이 클러스터로 열린다. 성숙한 과일의 과피(果皮)는 붉은색이며, 오렌지색이나 노란색의 열매는 거의 없다. 과피를 벗기면 투명한 흰색이나 핑크색을 지닌 과육(果肉)이 있으며, 풍부한 과즙과 함께 새콤한 맛을 지니고 있다. 표피에 부드러운 털을 제외하면 리치와 매우 흡사하다.

람부탄 과일

씨앗은 갈색의 1~1.3cm 크기이며, 기저(基底) 부분에 하얀 자국이 있다. 전해 내려오는 이야기에 의하면 씨앗에 독성이 있다고 하여 많은 사람들은 씨앗을 식용으로 사용하지 않았다. 하지만 씨앗의 추출물을 쥐에다 투여한 실험결과는 독성이 없었다고 밝혀졌고, 오히려 약간의 진통효과가 있는 것으로 발표되었다

람부탄 종자

람부탄을 재배하고자 할 때 유의해야 할 사항은 다음과 같다.

❶ 수목의 생육을 위해서 햇빛이 중요하고 공기의 순환이 잘 되는 곳이 좋다.

❷ 토양은 배수가 잘 되고 유기물 함량이 높은 곳이 좋다.

❸ 람부탄은 10℃ 이하에서는 냉해 피해를 받기 때문에 반드시 최저 기온이 10℃ 이상을 유지하도록 해야 한다.

❹ 수목의 생육에는 일정한 수분이 필요하기 때문에 건기에는 급수가 필수적이다.

❺ 씨앗은 평평한 쪽을 아래로 향하게 심어야 싹이 곧바로 자라며 뿌리의 생육도 좋게 한다. 씨앗의 발아는 종자를 파종한 후 9~25일 정도 걸린다.

❻ 종자를 파종하는 시기는 늦은 봄부터 이른 여름사이가 적합하다.

■ 람부탄 번식

람부탄의 번식은 종자(seeds), 휘묻이(air-layering), 그리고 접목(grafting) 방식이 있다. 그리고 접목방법에는 눈접(budding)과 맞접(approach grafting, 호접) 또는 배접(褙接, side grafting) 등이 있다.

● 종자 번식(Seed Propagation)

람부탄 종자는 생존력이 매우 빠르게 상실되기 때문에 수명이 짧아서 과육과 분리해서 씻은 다음 짧은 시간내 파종해야 한다. 특히, 종자가 건조되지 않아야 한다. 그리고 종자를 장기간 보관하고자 할 경우에는 젖어 있는 이끼나 톱밥 등에 저장하면 1개월 정도 보관이 가능하다. 그러나 젖은 이끼나 톱밥에 저장할지라도 습도가 13% 이하로 떨어지게 되면 종자는 생존력을 잃기 시작한다.

종자 파종 및 발아(종자 파종한 후 9일(좌), 11일(중) 및 13일(우)
(http://forums.gardenweb.com/forums/load/tropicalfruits/msg0711362618352.html)

람부탄의 종자를 파종하면 곧바로 발아가 된다. 토양이 건조하지 않고 일정한 수분을 유지하면 심고 나서 10~14일 내에 두 개의 떡잎과 함께 발아한다. 그리고 발아한 새싹은 뜨거운 햇빛에 데임 피해를 받을 수 있기 때문에 차양막을 설치해야 한다.

종자를 통한 증식은 과일을 수확하는 데까지 시간이 오래 소요되고, 과일의 품질과 생산성이 가변적이며 열매가 열리지 않는 수(male)나무가 존재하는 단점이 있다. 기존 연구 자료에 의하면 종자의 67%까지 수나무가 될 수 있다고 한다(Morton, 1987). 따라서 대부분의 실생묘는 접목을 위한 대목으로 사용된다.

접목에 사용할 람부탄 실생묘
(http://forums.gardenweb.com/forums/load/tropicalfruits/msg101226367758.html)

미국 하와이주의 힐로(Hilo) 지역에 있는 USDA/ARS의 『국립클론생식세포질 저장소』(National Cloning Germ Plasm Repository)에 있는 람부탄 묘목이 건전하게 잘 자라고 있다. 묘목에 사용한 토양은 흙, 마카다이미아(macadamia)[16] 퇴비 및 화산재를 1:1:1의 비율로 혼합하

16 오스트레일리아 퀸즐랜드(Queensland)에 서식하고 있는 상록수이고, 그 열매를 마카다이미아 너트(macadamia nut)라고 한다.

고 고농도의 칼륨(10-2-33 NPK) 비료를 사용하고 있었다. 그러나 저농도의 칼륨(16-7-13 NPK) 비료를 사용했을 경우 잎에 심각한 괴사(壞死) 현상이 나타났으며, 성장이 멈추고 나무 끝이 말라서 죽는 현상이 나타났다. 그 이유는 람부탄이 염소(鹽素)에 민감하게 반응하기 때문이다.

하와이(Hawaii)주의 힐로(Hilo)
(http://pics1.this-pic.com/key/hilo%20hawaii%20map)

● 휘묻이 법(Air-layering)

❶ 봄이 되면 작은 손가락 정도 굵기의 가지를 고른다. 가지 끝에서 30cm 정도 옹이 바로 아랫부분의 껍질을 폭 2.5cm 정도로 한 바퀴 벗겨낸다. 물론 내부의 목질(木質)을 깎아내면 안 된다.

❷ 가지의 껍질을 벗겨내고 형성층을 칼로 긁어서 연한 조직이 생기지 못하도록 한다.

❸ 껍질을 벗기고 노출된 목질부분을 젖은 이끼를 사용해서 둥그렇게 감싼다. 만약 이끼가 없으면 대팻밥이나 거친 섬유를 대신 사용할 수 있다.

❹ 이끼를 줄기에 고정하기 위해 검은 비닐로 잘 감싸고 튼튼한 끈으로 안전하게 감는다. 그리고 주기적으로 줄기에서 뿌리가 생기는지 점검한다. 일반적으로 봄철이 끝날 무렵이면 뿌리가 나온다.

❺ 가지에서 뿌리가 나오면 가지를 잘라서 포트나 농장에 심는다.

람부탄 휘묻이법

(http://www.telegraph.co.uk/gardening/3323469/Perfect-for-your-house-plants-great-and-small.html)

휘묻이법에 의한 증식
(http://gardenofeaden.blogspot.com/2013/05/what-is-air-layering.html)

눈접(Bud Grafting)

실생 묘목은 8~12개월이 지나면 눈접이 가능할 정도로 자란다. 일반적으로 눈접은 5~10월 사이에 실시하고, 성공률이 평균 80% 정도로 높다. 대목은 지표에서 25cm 위치에서 T자 모양으로 자르고, 눈접이 끝나면 줄기의 모든 잎을 제거해야 한다. 잎의 제거는 새싹이 자라는 것을 촉진하고, 눈접을 실시한 14~17일이 지나면 녹색의 새싹이 자란다. 눈접을 실시한 묘목을 농장에 이식하면 3~4년 후에 개화하고 열매가 열린다.

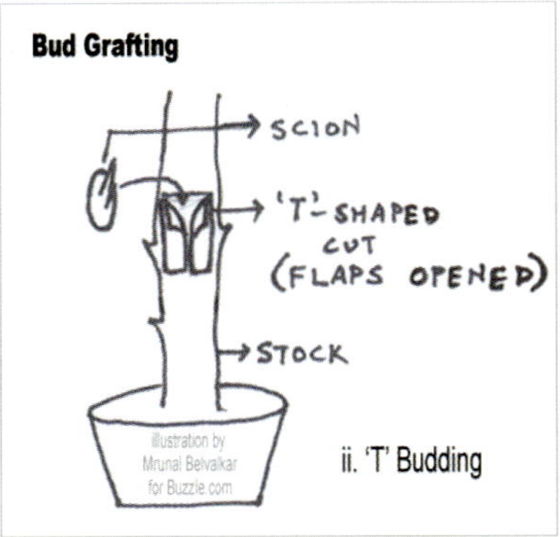

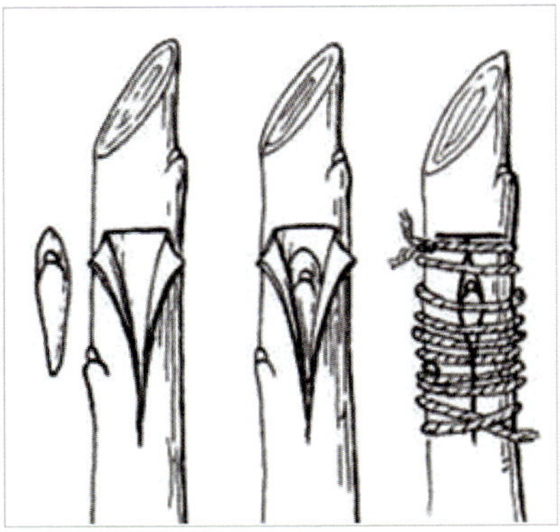

눈접
(http://www.buzzle.com/articles/how-to-graft-rose-plants.html(좌)
https://sites.google.com/site/applepropagation2/(우))

● 호접(Approach Grafting)

호접(呼接)은 성공률이 높지만 노동 집약적인 방법이라는 단점이 있다. 호접은 각각의 포트에서 생육하고 있는 묘목의 줄기 표피를 벗긴 후 서로 맞붙여 테이프로 고정하여 실시하는 방법이다. 접목이 성공하면 대목으로 사용할 묘목의 윗부분을 먼저 잘라내고 생장이 안정적으로 지속되면 2~3주 후에 접수로 사용되는 묘목의 아랫부분을 잘라낸다.

호접
(http://anpsa.org.au/grafting.html)

● 복접(腹椄, side grafting)과 할접(割接, cleft grafting)

람부탄에서 복접과 할접은 흔히 사용되고 있는 접목방식이다. 복접을 위해서는 대목의 크기가 직경 2.5~5.0cm 정도 되어야 하고, 접수는 직경 0.6cm 정도가 적당하다. 접수의 길이는 약 7.5cm 정도에 눈이 2~3개 정도가 있어야 한다. 대목은 지표면으로부터 30cm 높이에서 비스듬하게 쪼개고 접수를 밀어 넣는다. 만일 대목이 접수와 잘 접촉이 되었으면 끈으로 묶을 필요는 없다. 그리고 접목 후 서너 주일 후에는 접목한 부위로부터 10~15cm 윗부분을 자르고, 잘린 부분은 접목 보호용 조제물이나 왁스를 바른다.

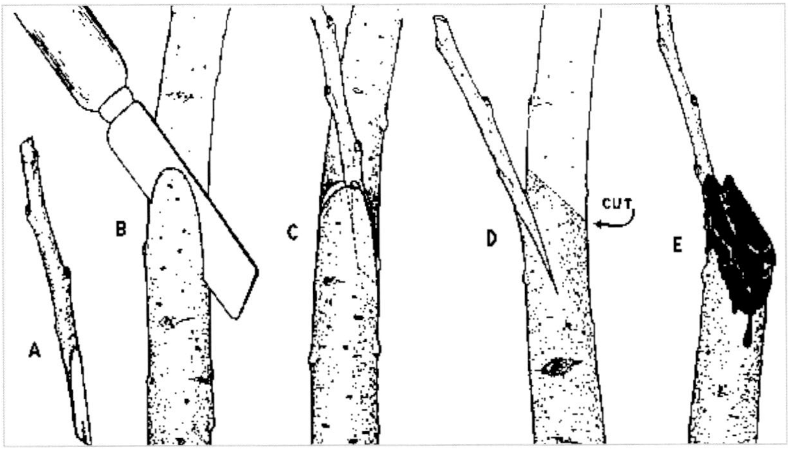

복접
(http://www.ag.ndsu.edu/hort/info/fruit/graft/graft.htm)

할접은 대목의 윗부분을 자르고 2~3개의 접수를 붙이는 방법이다. 일반적으로 대목의 껍질부분이 접수의 껍질보다 두껍기 때문에 형성층이 접촉하기는 쉽다. 대목은 햇빛에 노출되어 수액(樹液)의 흐름이 좋은 개체가 그늘진 곳에 있는 개체보다 성공률이 높고 생장도 좋다.

할접을 위해서는 직경이 굵은 가지나 줄기를 잘라서 접수와 접목

할 수 있도록 준비한다. 접목의 성공을 위해서는 껍질이 단단해야 한다. 할접을 위한 접수는 1년생 신초로 직경이 약 1.2cm 정도가 적합하다. 접수의 눈은 2~3개 정도가 좋고, 접수의 위와 아래가 바뀌지 않도록 삽입해야 한다. 접수의 양쪽으로 깎은 부분은 약 2.5~3.7cm의 길이가 적합하며, 끝부분이 반드시 날카롭게 뾰쪽할 필요는 없다.

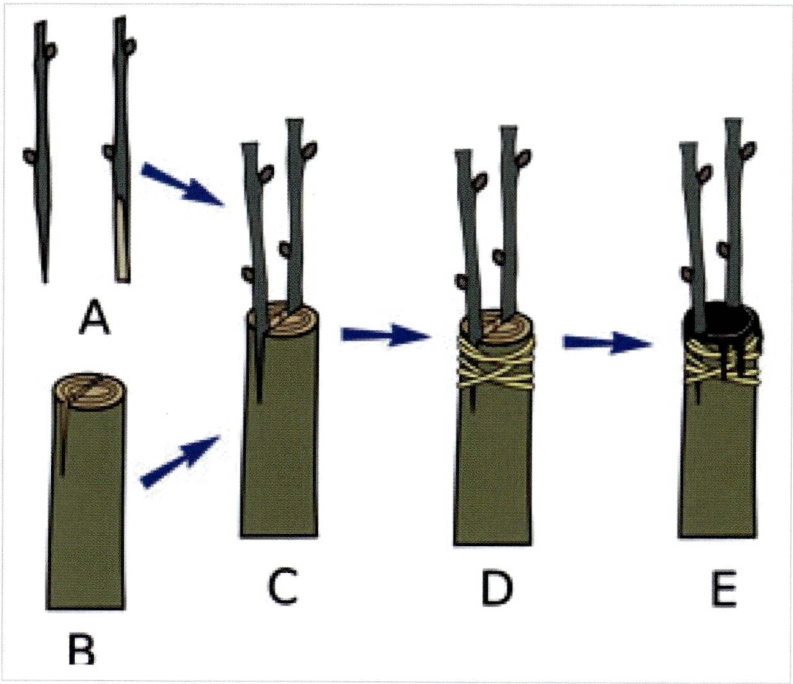

할접
(http://rbhs-sbi3u03.wikispaces.com/Asexual+Reproduction)

람부탄 복접 묘목(좌)과 할접 묘목(우)
(http://www.quisqualis.com/01Ramb.html)

■ 사례 : 유기재배 농가

유기재배로 람부탄 과일을 생산하고 있는 캄보디아 바탐방 타산 마을(Ta Sanh Commune)의 농가를 Mean Chey 대학교 Prof. Kong의 안내로 2차례 방문하였다. 이 타산 마을은 람부탄을 집중적으로 많이 재배하는 곳이다. 1차 방문(4월 12일)에는 람부탄 꽃이 떨어지고 열매들이 맺히기 시작한 시기였고, 2차 방문(6월 18일)시에는 열매가 빨갛게 익어 수확하고 있었다.

앙코르왓트로 유명한 시엠립(Siem Reap)에서 출발하여 바탐방(Battambang)의 람부탄 농가까지 도착하는데 무려 5시간 정도 소요되었다. 타산마을은 50~60개 정도의 람부탄 농장을 비롯하여 다른

캄보디아 바탐방 지도
(http://new.canbypublications.com/battambang/province-map.php)

열대과일도 함께 재배하고 있다. 과거 1970년대의 '폴 포트'(Pol Pot) 반군(叛軍)들이 점령했었던 지역이라는 말을 들었기 때문에 조금 으스스한 느낌이 들기도 했다.

우리가 가장 오랫동안 면담을 했던 과수원 주인은 Khim Meas(가명, 76)라는 농민으로 처음 우리를 매우 경계하는 시선과 자세로 맞이했다. 나중에 알게 되었지만 그럴만한 사연이 있었다. 그리고 농장에 있는 그의 집은 가난한 캄보디아 시골농촌에서 도저히 발견될 수 없을 정도로 고급스러운 저택이었다. 과수원 주인인 Khim Meas는 1975~1979년 동안 캄보디아 인구의 25%나 되는 2백만 명의 동족을 죽인 폴 포트 휘하에서 신임을 받았던 장군(중장: 별 3개)이었다. 인근 주민에 의하면 아직도 국제사법재판소에서 그의 이름이 거명되고 있다는 설도 있다. 그래서인지 이제 왕년의 장군으로서의 기백이 다 사라지고 목소리도 모기소리 만큼 작았고 힘이 없어 보였다. 얼굴에는 온갖 근심어린 표정으로 머나먼 한국에서 방문한 우리들을 농장으로 안내했다. 이제 조용히 시골에 숨어서 인생의 마지막을 보내고 있는 은둔자의 람부탄 농장이었다. 불현듯 평안한 노년을 위해서는 젊은 시절에 주인을 잘 만나야 한다는 교훈을 되새김질하면서 인터뷰를 진행하였다.

Mr. Khim Meas(가명)와 그의 저택

농장에서는 람부탄 나무가 100여 그루인데 점차 노쇠하여 줄어들고 있는 실정이었다. 대략 한 그루에서 람부탄을 50~100kg 정도 수확하고 있으며, 이러한 과일은 중간상인에게 $1.00/kg 가격으로 판매하고 있다. 물론 중간상인이 농장까지 찾아와서 직접 구매를 하고 있다. 본 농장에서는 15년 정도 람부탄을 친환경 농법(유기재배)으로 생산하고 있고, 평균 \$3,000~\$4,000/년 정도의 순이익을 올리고 있다. 농장 관리는 가족 중심으로 운영하고 있으며, 재배 면적은 11ha 정도이고 수목간의 간격은 10m 정도이다.

● Khim Meas 친환경농법

Khim Meas가 친환경농법으로 병해충을 방제하는 방법은 '티노스포라 크리스파'(Tinospora crispa)라고 하는 넝쿨식물을 이용하는 것이다. 그는 주변에서 서식하고 있는 티노스포라 크리스파를 절구통에 넣고 빻아서 반죽을 만들고 사람의 소변을 첨가한 후 1~2일 정도 발효를 시킨다. 그리고 발효 물질을 10배 정도 희석하여 4~5회/월 정도 병이나 충이 발생된 부분에 살포하면 병해충이 치유되거나 사라진다고 한다.

티노스포라 크리스파(Tinospora crispa)

● 티노스포라 크리스파

티노스포라 크리스파는 캄보디아에서 전통적으로 피부병 치료에 많이 사용되어온 식물이다. 특히, 40~60대의 여성들이 미용을 위해 피부보호제품으로 이용하고 있다고 한다. 그리고 인도, 인도네시아, 필리핀, 태국, 중국 등지에서도 다양한 질병을 치료하는 의료식물(medicinal plant)로서 널리 사용되고 있다[17].

이 식물은 줄기에 여드름 비슷한 뾰루지가 많이 있으며 쓴맛이 난다. 잎은 줄기에 날개로 달려있는데 둥글거나 하트모양이며, 폭은 5~10cm, 그리고 길이 7~12cm 정도이다. 티노스포라 크리스파에 함유된 화학적인 성분을 살펴보면 항산화제, 항알레르기, 그리고 인체에 유익한 항바이러스 등의 성분이 있다. 동시에 플라보노이드(flavonoids)[18], 알칼로이드(alkaloids)[19], 당원질(glucoside)[20], 건위/강장제인 베르베린(berberine)[21], 수지성 물질(resinous), 부드러운 수지

---

17 티노스포라 크리스파는 국가별로 다른 이름으로 불리고 있는데, 중국에서는 쉔진텡(shen jin teng), 인도네시아에서는 앤타왈리(antawali), 앤다왈리(andawali), 브라타왈리(bratawali), 푸트라왈리(putrawali), 다운게이드(daun gade), 그리고 태국에서는 보라펫(boraphet), 캅호이야이완(kab hoi yai wan) 등으로 불리고 있다.

18 폴리페놀에 속하는 플라보노이드의 대표적인 항산화제 물질로는 안토시아닌이나 카테킨, 퀘시틴 등이 있다. 플라보노이드는 체내 비타민C의 흡수를 증가시키며 비타민E의 환원을 도와 활성산소를 분해하고 항산화 기능이 있다. 또한 인체 내 중금속을 해독하고 모세혈관을 튼튼하게 하여 순환을 촉진하고 면역력을 증가시켜 항균작용과 암을 예방한다. 항산화 과정은 우리 몸을 늙지 않게 하며 암 예방과 각종 성인병 치료를 돕는다. 또한 비타민C나 E가 아주 풍부하여 피부 탄력과 미백효과에 좋다.

19 알칼로이드는 식물추출물 가운데 질소를 함유한 알칼리성 유기화합물을 모두 일컫는 말이다. 따라서 식물 추출물 중에서 알칼리성을 나타내면 알칼로이드라고 칭한다. 예를 들면, 모르핀, 말라리아 치료제인 키니네, 코카인, 니코틴 등이 있다.

20 동물의 간이나 근육에 들어 있는 탄수화물의 하나이고 다른 용어로는 글리코겐(glycogen)이라고 한다. 에너지로 사용하고 남은 포도당은 간에서 당원질로 저장되었다가 혈당이 떨어지면 글루코겐에 의해서 당원질이 분해되어 혈액속의 포도당 농도를 높여준다.

21 베르베린은 전염성 설사, 심장마비, 혈소판감소, 녹내장(Glaucoma), 기생충감염, 헬리코박터 파이로리 감염병, 고콜레스테롤혈증, 항말라리아제, 당뇨병과 전염성이 있는 만성 결막염 등에 유효한 성분을 함유한 약초이다.

(soft resin) 등의 성분을 함유하고 있어서 오랜 기간 동안 인도 등지에서 의약초로 사용되어 왔다.

● 티노스포라 크리스파의 효능

잎과 줄기 그리고 뿌리는 인도를 비롯한 여러 지역에서 다양한 질환의 치료에 사용될 수 있는데, 당뇨병, 열병, 눈의 통증, 콜레라, 류머티즘, 뱀에 물린 상처, 매독, 체내의 염증, 고혈압, 갈증해소, 열대지역 위궤양, 식욕증진, 타박상처 등의 치료에 사용될 수 있다. 아래는 인체의 건강을 위해서 사용될 수 있는 민간요법을 설명하였다.

- 열(Fever) 및 류머티즘(Rheumatism): 티노스포라 크리스파의 줄기 15~20cm 정도를 작게 자른 후 물 2~3컵을 붓고 끓인다. 물의 양이 절반 정도로 줄어들면 열을 식힌 후 가제에 걸러서 하루 2~3회 복용한다. 쓴맛이 강하기 때문에 꿀을 조금 섞어서 마시기도 한다.
- 당뇨(Diabetes) : 꿀풀과의 고양이수염(Orthosiphon aristatus)의 잎과 티노스포라 크리스파의 잎을 각각 손으로 1/3 정도 쥘 수 있는 양 및 티노스포라 크리스파 줄기 5cm 정도를 작게 자른 후 물 3컵을 붓고 끓인다. 물의 양이 1/3 정도로 줄어들면 물을 식히고 가제에 걸러서 하루 2회 복용한다.
- 상처(Injured) : 하루에 2회씩 티노스포라 크리스파의 잎을 갈아서 상처에 붙이고, 상처를 씻을 때는 줄기를 끓인 물을 사용하면 효과가 더욱 빠르게 나타난다.
- 옴(Scabies) : 개암나무 열매(hazelnuts), 티노스포라 크리스파 줄기(15cm 정도) 및 유황을 함께 갈아서 부드러운 분말을 만든다. 이 분말에 코코넛 오일을 혼합하여 옴에 걸린 피부에 하루 2회 바른다.

람부탄 농장식당의 5자매

지난 4월(1차 방문) 람부탄을 많이 재배하고 있는 바탐방의 타산(Ta Sanh) 지역을 방문하던 중 허기진 배를 채우기 위해 마을의 '눙 자매'(Noung Sisters) 식당을 찾았다. 람부탄 등의 열대과일 농장에서 경영하는 식당이었다. 부엌에는 5명의 젊은 자매들이 나란히 서서 부지런히 생선과 채소를 다듬고 있었고, 식당의 테이블에는 젊은 청년들로 북적이는 광경이 조금 색달랐다.

우리를 안내하는 Mean Chey University의 대학원생에게 식당에 대해 물어 보았는데 한 달 수입이 $300~$400 정도로 이 지역에서는 유명한 식당이라고 한다. 그래서 배가 고픈 우리는 음식을 주문하고 시식을 했지만 음식 맛은 우리와 잘 맞지 않았다. 그리고 부엌에는 개들이 어슬렁거리고 테이블과 찬장에는 병아리들이 산보를 하고 다니는 형편이라서 식당을 빨리 벗어나고 싶었다. 그런데 우리를 안내하던 대학원생은 좀 더 앉아 있다가 가야한다고 느긋하게 있었다. 우리는 다른 과일 농장 방문과 4시간 이상 걸리는 시엠립으로 돌아가야 하기에 안내자에게 다시 식당을 나서자고 청했다. 그러자 안내를 하는 대학원생이 5자매 중에서 큰 딸을 사랑하기에 조금이라도 함께 있고 싶어서 그러니 조금만 시간을 주라고 부탁을 했다. 우리는 그의 솔직하고 순수한 마음에 그들의 행복한 만남의 위해 자리를 피해주었다. 아직도 그 식당에서 행복하게 이야기하며 웃는 그들의 모습이 아름다운 추억으로 남아 있다.

눙 자매*(좌)와 큰 언니를 사랑하는 대학원생(우)

* 식당을 떠나기 전에 5자매와 함께 기념사진을 촬영하려고 했는데 셋째가 친구들과 어디론가 가벼려 사진에는 4명의 자매만이 웃고 있다.

꿀벌의 수정작업

Chapter 4.

람부탄 생산

람부탄은 상록수이고 붉은 열매가 꽃처럼 아름다운 경관을 창출하기 때문에 정원에 식재하는 과수로 인기가 많다. 람부탄은 동남아시아가 주생산지이고, 그 이외에 적도부근의 아프리카, 카리브 제도, 코스타리카, 파나마, 인도, 그리고 스리랑카와 같은 열대지역에서도 널리 재배되고 있다. 최근에는 호주와 미국(하와이)에서도 생산량이 점차 증가추세에 있다.

■ 생산

람부탄의 재배를 위해서는 고온이면서 습도가 높고, 강우가 연중 고르게 분포하는 지역이 좋다. 열대과수 재배에 있어서 중요한 요소는 수분유지이기 때문이다. 반면, 열대과수이기 때문에 추위에 약하므로 서리가 내리지 않아야 하므로 연평균 기온이 20℃ 이상이고,

특히, 30℃ 이상의 고온에서 최대 성장을 나타내고 있다.

람부탄은 다양한 토양 종류에서도 재배가 가능하지만 모래나 부식토가 섞인 비옥한 흙, 즉 유기물이 풍부하고 배수(排水)가 잘되는 토양이 좋다. 그래서 과수원에 묘목 등을 식재할 경우에는 경운작업을 깊게 실시하여 토양에 다량의 공극을 형성하도록 해야 한다. 일반적으로 과수 농장에서 경운작업은 2차례 정도 실시한 후 어린 묘목을 식재한다. 이때 묘목의 상단부분의 잎을 자르면 안 된다. 그리고 이식 하면서 묘목의 세근을 훼손하거나 건조되지 않도록 주의해야 한다. 그래서 묘목 뿌리의 건조 피해를 피하기 위해 삼베와 같은 천 등으로 뿌리를 감싸서 습도를 유지시킨다. 특히, 람부탄은 성장기에 많은 물을 필요로 한다. 토양 멀칭이나 두 가지 이상의 작물을 재배하는 간작(間作)을 통해서 토양의 습도를 유지하는게 좋다.

비탈진 지역에 묘목을 식재할 경우 등고선 방향으로 일정하게 식재해야 한다. 토양침식 방지와 수분 흡수를 위함이다. 과일 생산을 위해 과수의 간격은 10～12m 정도가 적당하다. 왜냐하면 과수가 밀도가 높으면 높은 생산량을 기대하기 어렵기 때문이다. 또한, 병충해 방제를 위해서 농약 살포시 필요한 공간을 확보하기 위함이다.

과수의 원활한 성장과 과일 생산을 위해 완전비료[22] 시비를 통한 영양분 공급이 필요하다. 또한, 계분(鷄糞)이나 우분(牛糞) 등과 같은 유기퇴비나 다른 퇴비를 사용하면 토양을 더욱 비옥하게 만들 수 있다.

벚나무깍지벌레나 천공충(穿孔蟲)의 피해를 방지하기 위하여 농약을 처리해야 하고, 둥근무늬(ring spot)병 등을 치유하기 위해서도 살균제를 사용하여서 방제해야 한다.

---

22 비료의 3요소인 질소, 인산, 칼륨 등이 적당한 비율로 함유된 비료를 말한다. 그러나 식물의 생육에는 이들 성분 이외에 많은 원소가 필요하므로 엄밀한 뜻으로는 완전하지 않다.

람부탄은 묘목을 이식하면 3~4년 후에 과일이 맺히지만, 종자를 파종한 묘목은 5~6년 이상 오랜 시간이 소요된다. 일반적으로 람부탄의 개화는 3~6월이고, 8~10월에 수확을 한다. 성숙한 람부탄의 표피는 녹색, 붉은색 또는 분홍색 등이 있다.

■ 품종과 발아

품종(Variety)[23] : 람부탄의 주요 품종은 말레이시아에서 187개 이상의 품종들이 등록되어 있고, 인도네시아, 필리핀, 태국 및 싱가포르 등에서도 25개 이상의 품종 존재하는 것으로 알려지고 있다. 대부분의 품종은 수확이 편리하도록 수고가 3~5m 정도로 비교적 낮은 수목들이다.

인도네시아에서는 22개의 고품질 람부탄 품종을 개발하였는데, 대표적으로 라파이아(Rapiah), 아케레박불루스(Aceh Lebak Bulus), 시마칸(Cimacan), 빈자이(Binjai), 그리고 시뇨냐(Sinyonya) 등이다[24,25].

ⓐ 레박불루스(Lebakbulus) : 수관의 윗부분이 넓게 펴져서 자라고, 암적색 과일이 열린다. 표피는 1.5cm 정도의 초록색 가시들이 있고, 회색 빛깔의 질기고 신맛의 과육이 0.5cm 정도 두께로 덥혀있다. 과육과 종자는 분리가 잘 안 되고, 장거리 운송에도 유리한 품종이다.

---

23 http://www.agripinoy.net/growing-rambutan.html

24 http://www.langkahbisnis.com/budidaya-buah-rambutan/

25 http://www.fruitsinfo.com/Rambutan-fruit.php

레박불루스(Lebakbulus)

ⓑ 시마티얀(Seematjan) : 수관이 비교적 넓게 퍼지고 가지가 길고 유연하다. 과일은 암적색이고, 표피 가시의 길이는 2cm 정도이다. 이 품종은 인도와 필리핀에서도 재배되고 있는데 평균 16kg/ha 정도의 산출고를 기록하고 있다. 이 품종에는 시마티얀 베사르(Seematjan besar)라고 하는 단맛이 강하고 과즙이 많으며 과일이 작고 얇은 표피에 가시가 듬성듬성 분포하는 종류와 시마티얀 케티일(Seematjan ketjil) 또는 쿰방(Koombang)이라고 하는 단맛이 부드럽고 과육과 종자의 분리가 잘 되는 종류가 있다.

시마티얀(Seematjan)

ⓒ 시뇨냐(Seenjonja) : 수고가 낮고, 가지가 아래로 쳐지는 품종이다. 과일은 적황색이며 달걀형으로 길이가 약 4cm이고 폭은 3cm 정도이다. 표피에는 1cm 정도의 길이를 지닌 가늘고 유연한 가시가 분포하고 있고, 과육이 종자와 단단히 붙어있다. 필리핀의 경우 평균 41kg/ha의 산출고를 지닌다.

시뇨냐(Seenjonja)

ⓓ 섹탕쿠웨(Sectangkooweh) : 열매는 끝이 평평한 타원형으로 길이가 5cm이고 폭은 4cm 정도이다. 그리고 과일의 표면에는 1cm 정도의 가는 털이 있고, 껍질은 얇고 비교적 질기다. 과육은 노란색을 띤 백색이며 달콤하며, 씨앗은 종피(種皮)에 굳게 붙어있다. 섹탕쿠웨의 열매는 다른 품종보다 장거리 수송에 비교적 잘 견딘다.

석탕쿠웨(Sectangkooweh)

ⓔ 실렝켕(Seelengkeng) : 수고가 낮고 가지가 넓게 퍼져 자란다. 과일은 계란형이로 길이가 3cm이며 폭 2cm 정도이다. 과일의 표피에는 매우 섬세하고 부드러운 가시가 있으며, 표피와 가시는 모두 붉은색이다. 과육은 흰백색의 광택이 있고 질기며, 종자의 외종피(外種皮)는 과육에 붙어 있다. 실렝켕은 휘묻이법으로 번식이 잘 되지 않아서 재배가 보편화되지 않아 시장에서의 비교적 높은 가격에 거래되고 있다. 열매의 형태가 리치와 비슷하여 중국인들이 선호하고 있으며, 인도에서도 널리 재배되고 있다.

실렝켕(Seelengkeng)

ⓕ 시콘토(Seekonto) : 일반적으로 수관이 넓게 퍼져 자라며 생장 속도가 빠르다. 과일은 길이 5cm 및 폭 4cm 정도로 타원형이며 약간 납작하다. 과일 표피에 있는 가시는 두껍고 길이가 짧다. 과육은 회색 빛깔의 흰색이고 과육은 수분이 많지 않으며, 과육은 씨앗에서 쉽게 분리된다.

시콘토(Seekonto)

ⓖ 마할리카(Maharlika) : 일반적인 람부탄 품종은 과육과 종자와의 분리가 어렵지만 마할리카는 과육과 종자의 분리가 비교적 쉽다. 그래서 말레이시아에서 가장 많이 재배되고 있으며, 페낭(Penang) 지역의 발리크 풀라우(Balik Pulau)에서 주로 재배되고 있다. 과일은 익으면 진한 빨강색으로 변하고 맛은 신맛을 지니고 있다. 소비자들에게 독특한 맛으로 인기가 있어서 높은 가격에 거래가 되고 있다. 필리핀에서는 21kg/ha 정도의 산출고를 기록하고 있다.

마할리카(Maharlika) 품종
(http://www.fruitsinfo.com/Rambutan-fruit.php)

지난 1950년에 필리핀 연구자들은 오리엔탈민도르(Oriental Mindoro) 지역의 묘목 시험장에서 람부탄 품종 선발 연구를 수행하였다. 그리고 필리핀에서 재배되고 있는 21개 품종의 주요 특징들을 요약하였다.

ⓐ 퀸자이다(Queen Zaida) : 과일은 검붉은 색(dark-red)으로 타원형이며 중간 크기 정도이다. 과육이 두꺼워서 열매의 38.8%를 차지하고 있으며 달콤한 즙이 풍부하다. 과육은 종자와 잘 분리되고, 냉장시설에서는 약 2주 정도 보관 가능하다. 수령 20년 정도의 건강한 나무는 1 그루당 약 125kg 정도 수확이 가능하다.

ⓑ 베이비율리(Baby Eulie) : 옅은 붉은색(Light-red)의 과일은 매우 크고 과육이 두꺼워서 과일의 39.9%를 차지할 정도이다. 과육은 부드럽고 종자가 잘 분리된다. 과일은 저장온도 15.6℃에서 1주 정

도 저장이 가능하며, 수령이 8년인 나무의 산출고는 160kg 수준이다.

ⓒ 프린세스캐롤라인(Princess Caroline) : 과일은 검붉은 색이며, 작고 껍질이 부드럽다. 종자가 비교적 작아서 과육은 과일의 44.1% 정도를 차지하고 있다. 과일은 저장온도 15.6℃에서 2주 정도 저장이 가능하며, 수령 8년 나무에서 200kg 정도의 수확이 가능하다.

ⓓ 퀘존(Quezon) : 황적색의 과피를 지녔으며, 과육이 과일의 38.2%를 차지한다. 과육은 달고 약간 신맛이 있으며 비교적 과즙이 많은 편이. 수령 8년 나무의 수확량은 약 156kg 수준이다.

ⓔ 록사스(Roxas) : 과일은 검붉은 색이고, 과육이 두꺼워서 과일의 43.0%를 차지한다. 과육은 단맛의 즙이 풍부하고, 종자는 과육과 잘 분리되지 않는다. 수령 8년 나무의 수확량은 약 195kg 수준으로 산출고가 높은 품종이다.

ⓕ 자모라(Zamora) : 과일은 노란색을 띤 옅은 핑크색의 가시 같은 돌기가 있다. 타원형이며 작고, 단단한 껍질을 소유하고 있다. 과육은 과일의 38.3%를 차지하고 있으며 과즙이 풍부하고 새콤하다. 수령 7년 나무에서 약 150kg 정도의 수확이 가능하다. 과일은 저장 온도 15.6℃에서 2주 정도 저장을 해도 좋은 상태를 유지한다.

ⓖ 퀴리노(Quirino) : 노란색의 과피에 분홍색을 띤 돌기 있다. 과일의 크기는 작은 편이라 과육은 과일의 33.0%를 차지하고 과즙이 풍부하고 단맛을 소유하고 있다. 열매는 클러스터 형태로 다량으로 열리고 최고 85개 까지 열리기도 한다.

ⓗ 막사이사이(Magsaysay) : 과일은 진한 검붉은 색에 가깝고 가시도

검붉은 색을 지니고 있다. 열매는 타원형이며 크고 껍질이 부드럽다. 과육은 과일의 43.7%를 차지하고 다즙이며 달큼한 맛을 지니고 있다. 그리고 과육과 종자는 분리가 잘되고, 수령 6년의 나무에서 약 80kg의 수확이 가능하다.

ⓘ 산토토마스(Santo Tomas) : 과일은 노란색을 띤 핑크색이고, 과피에는 붉은 핑크색의 부드러운 가시로 덮여 있다. 열매는 둥글고 비교적 단단한 껍질을 지니고 있다. 과육은 두꺼워서 전체 과일의 43.3%을 차지하고 씨앗은 작다. 수령 8년의 과수에서 약 160kg 정도의 과일을 수확할 수 있다.

ⓙ 빅토리아(Victoria) : 과일은 노란색이고, 과피에는 붉은색의 가시 같은 돌기가 있다. 껍질은 비교적 두껍고 과육이 두꺼우며 즙이 많고 달큼한 맛을 지니고 있다. 종자는 과육과 잘 분리되고, 수령이 6생년인 과수에서 60kg 정도의 열매가 수확된다.

ⓚ 베이비크리스티(Baby Christie) : 과일은 노란색을 띤 적색이고 과피에는 은빛 빛깔의 붉은 가시로 덮여 있다. 과일은 크고 과육이 전체 과일의 36.4%를 차지하고 있다.

ⓛ 거버너인펀타다(Governor Infantada) : 과일은 타원형으로 매우 크고 껍질이 부드러우며 과육이 전체 과일의 39.3%를 차지하고 있다. 과즙은 많고 달큼하며 약간 신맛이 난다. 과육은 종자에 붙어 있어 쉽게 분리되지 않는다. 수령 6년인 나무에서 150kg 정도의 수확이 가능하며 15.6℃에서 저장하면 1주 정도 보관이 가능하다.

ⓜ 로렐세뇨르(Laurel Sr.) : 과일은 분홍색으로 크기가 작지만 과육이 두꺼워 과일의 40.0% 정도를 차지하고 있다. 수목 생육 특성은 수고가 높게 자라지 않고 가지가 옆으로 벌어지는 경향이 있다.

n 포티치(Fortich) : 과일은 노란색을 띤 붉은색으로 과일은 중간 크기이며 두꺼운 과육이 전체 과일의 41.0%를 차지한다. 과즙이 많고 달큼하다. 종자는 과육으로부터 잘 분리되며 7월경에 수확되는 조생종(早生種)이다.

o 오스메냐세뇨르(Osmeña, Sr.) : 과일은 핑크색을 띤 붉은 색이고 크기는 중간정도이다. 두꺼운 과육이 과일의 38.9%를 차지하고 있으며 단맛이 강하고 과즙이 많다. 종자는 과육과 잘 분리되고 만생종(晩生種)이다.

p 폰더로사페레라스(Ponderosa Ferreras) : 과일은 진홍색이고 강한 돌기의 가시로 덮여 있다. 과일은 매우 크며 과육은 과일의 35.7%를 차지하고 있다. 과즙이 많으며 달큼하고, 과육은 씨앗과 잘 분리된다. 조생종이며, 6년 수령의 나무에서 138kg 정도의 람부탄 수확이 가능하다.

q 로드리가스(Rodrigas) : 과일의 크기는 중간 정도이며 과육이 과일의 38.5% 정도를 차지하고 있다.

r 마나한(Manahan) : 과일은 중간 크기이고, 과육은 과일의 37.4% 정도 차지한다.

s 산탄(Santan) : 과육은 두꺼우며 과일의 34.3%를 차지한다.

t 아라고(Arago) : 과육은 매우 두꺼워서 과일의 41.4%를 차지한다.

u 크루즈/쿠르자스(Cruz/Cruzas) : 과일의 크기는 중간 정도이고, 과육은 과일의 26.2%정도이다.

동남아에서는 약 50개 이상의 품종이 소개되고 있지만 그 중에서 실제 상업용으로 재배되고 있는 람부탄은 약 15개 정도로 알려져 있다. 한편, 인도네시아에서는 지난 1960년에 100여개의 품종을 식재하여 그 가운데서 가장 뛰어난 품종 10개를 선정한 바 있다. 이때 선정된 품종들은 시마티안(Seematjan), 시논자(Seenjonja), 마할리카(Maharlika), 디바타(Divata), 마리킷(Marikit), 달리사이(Dalisay), 마릴락(Marilag), 비투인(Bituin), 알린독(Alindog), 그리고 파랄루만(Paraluman) 등이다.

또한, 태국에서는 롱그리엔(Rongrien), 시촘푸(Seechompoo), 시통(Seetong), 그리고 남탕그루아드(Namtangruad) 등이 상품성이 있는 것으로 알려져 있다.

발아(發芽, Germination) : 람부탄의 발아를 위해서는 종자를 과일에서 분리하여 종자의 평평한 부분을 아래로 향하게 파종하여야 한다, 이는 새싹이 곧바르게 자라서 정상적이고 튼튼한 뿌리를 내리게 하기 위함이다. 일반적으로 종자를 파종한 후 약 9~25일 지나면 발아되는데, 일찍 발아될수록 새싹의 활력이 좋다. 과일에서 분리한 후 곧바로 파종하면 발아율이 85~95%에 이른다. 그러나 일주일 정도 지난 종자는 발아율이 50~60%로 낮아진다.

종자는 건조되면 발아력을 잃어버린다. 만일 종자를 장기간 보존하고자 한다면 젖은 톱밥이나 숱 등에 보관하면 3~4주 정도 발아력을 유지할 수 있다. 그러나 과육의 즙이 묻어 있는 종자는 발아하지 않는다. 왜냐하면 과즙은 종자 발아를 억제하기 때문이다. 그래서 접목용 대목을 생산하기 위해서는 성숙한 과일에서 종자를 채취한 후 톱밥이나 재 등으로 종자를 비벼서 과육과 이물질 등을 제거한다. 그리고 종자의 파종은 고운 부식토(腐植土)나 톱밥으로 만든 발아용 베드에서 발아를 시키고, 발아된 묘목은 화분에 이식하여 그늘진 묘목장에서 기른다. 묘목은 건조에 약하기 때문에 원활한 생육을 위해 2~3일 간격 또는 필요에 따라서 수분을 공급한다. 종자를 파종하고 약 8~12개월이 지나면 접목을 위한 대목(臺木)으로 사용할 수 있다.

● 토양준비와 모종이식

포트에서 발아된 묘목을 이식하기 위해서는 토양을 부드럽게 만들고 지표면을 깨끗이 정리한다. 그리고 직경 30cm와 깊이 30cm의 구덩이를 만들고 포트를 벗겨서 뿌리가 상하지 않도록 옮겨 심는다.

■ 묘목관리

람부탄은 정아생장을 하기 때문에 수고가 높이 성장하는 경향이 있다. 그렇기 때문에 어린 묘목기부터 전정과 수평으로 벌어진 수관을 만드는 작업이 필요하다.

멀칭은 건기에 효과적이지만 개화 이전에 해서는 안 된다. 그리고 원활한 성장을 위해서 3개월 간격으로 NPK(1그루 당) 비료를 각각 200g, 25g, 그리고 100g씩 권장하고 있다. 그리고 과일이 열리면 NPK 비료를 각각 200g, 25g, 그리고 130g을 시비하고, 최대 시비량은 수령이 12년일 때 발생한다. 특히, 처음 열매가 열리는 경우 4주 후에 연간 시비량의 25%를 시비해야 하고, 연간 시비량의 50%는 수확직후에 실시한다. 그리고 나머지 시비해야 할 비료의 25%는 수확하고 9주 후에 처리한다.

람부탄 과일은 주로 신선 생과일로 판매되며, 잼이나 젤리를 만드는 재료 및 통조림으로 가공되고 있다. 아름다운 색을 지닌 열매는 열대지역에서 아름다운 풍경을 창출한다. 동남아 주요 람부탄 생산국들의 주요 품종과 그 특징들을 요약한 정보는 다음과 같다.

동남아 지역의 주요 람부탄 특징

품종	원산지	무게	식용부분 (%)	TSS(%)*
마할리카	인도네시아	33	46	19
DES-1554	태국	35	49	18
DES-1548	필리핀	27	37	18
시마티안	인도네시아	38	43	19
DES-001	필리핀	26	36	20
퀸시리키트	태국	37	48	16
DES-1550	태국	30	49	16
롱레인	태국	35	49	16
DES-1551	태국	30	52	19
스리촘푸	태국	33	49	16

* 과일의 TSS(Total Soluble Solids) 함량은 일반적으로 과일의 °Bx(즉, °Brix)를 의미한다. 대개 신선과일은 중량의 10~20%를 차지하는데, 과일이 성숙할수록 신맛이 줄어들고 단맛이 증가한다.

당(糖)과 산(酸)의 비율

당과 산의 비율은 과일의 맛과 식감을 결정하는 주요 특성으로 과일의 숙성을 나타내는 지표이다. 과일 숙성의 초기단계에서는 당/산의 비율이 낮은데, 이는 당분 함량이 낮고 산의 함량이 높기 때문이다. 그래서 설익은 과일의 맛은 신맛이 강하다. 그러나 숙성이 진행되면 과일의 산은 감소하고 당이 증가해서 당/산 비율은 높아지는 것이다. 미국에서는 오렌지의 당/산 비율의 최저수준은 7~9:1이며, 자몽은 5~7:1이 판매될 수 있는 기준이다.

당/산 비율 계산은 간단하게 할 수 있다. 예를 들면, 당이 12°Bx이고 산(酸)이 1.0%이라면 당/산의 비율은 12가 된다. 만일 주스의 당이 12°Bx이고 산이 0.8%이라면 당/산 비율은 15가 된다.

질소: 질소함유량이 많으면 당/산 비율이 낮다. 그래서 과도한 질소의 사용은 바람직하지 않고 수확시기도 늦어진다.

칼륨(K): 칼륨은 과일주스의 유기산 함량을 높여서 당/산 비율을 낮게 한다.

붕소, 구리 & 철: 당/산 비율을 증가시키므로 과일의 품질과 성숙에 중요하다.

람부탄은 22~30℃의 따뜻한 열대기후에서 잘 자라기 때문에 10℃ 이하에서는 성장이 느려진다. 토양은 식양토(埴壤土)[26]이고 유기물질이 풍부할수록 좋고. 배수가 잘 되는 구릉지에서 잘 자란다.

람부탄은 접목과 공중취목(air-layering) 및 종자로 번식을 한다. 공중취목이 가장 흔한 방법인데, 이는 종자로 번식된 수목의 과일은 일반적으로 신맛이 강하기 때문이다. 접목과 공중취목으로 번식된 수목은 2~3년부터 과일이 열리기 시작하지만 대개 8~10년 정도에 최적의 과일을 생산한다.

■ 수정

람부탄의 꽃은 매우 달콤한 향기를 지니고 있기 때문에 흔히 꽃다발으로 사용되기도 한다. 꽃의 색은 흰색에서 녹색까지 다양하며, 수꽃과 암꽃에 따라 약간의 차이가 있다. 암(female)나무는 타가수분(cross pollination)이 필수적이며 아예 과일을 맺지도 못하는 경우가 있다. 그러나 람부탄 꽃은 고품질의 넥타를 가지고 있어 꿀벌이 좋아하기 때문에 과수원에서는 타가수분에 문제가 발생하지 않는다. 향기로운 람부탄 꽃은 많은 곤충들에게 매우 매력적인데, 주로 벌, 파리 및 개미가 주된 수정매개체들이다.

26 점토 및 실트의 함유율이 25~40% 정도의 비옥한 흙을 말한다.

꿀벌의 수정작업
(http://nl.wikipedia.org/wiki/Bestand:Image-Pollination_Bee_Dandelion_Zoom2.JPG)

꿀벌들은 람부탄 꽃에서 많은 꿀을 생산한다. 수꽃은 오전 6시에 개화하고 꿀벌은 오전 7~11시에 가장 왕성하게 꿀을 수집한다. 이후에는 기온의 상승으로 꿀벌들의 활동이 급격하게 저감된다.

람부탄의 꽃은 향기가 약하지만 씨방에 풍성한 넥타를 갖고 있다. 그래서 암꽃은 수꽃에 비해 약 2~3배나 많은 넥타를 생산하고, 넥타의 당도는 20~50% 정도이다.

상업용으로 많이 이용되는 람부탄 품종은 암수가 함께 있는 품종(자웅동체)이다. 왜냐하면 수나무는 발견하기 힘들기 때문이다. 또한, 자웅동체의 람부탄 수목도 대부분 암꽃이 많이 분포하고 꽃가루를 생산하는 수꽃은 매우 적다. 그리고 수나무 원추꽃차례에는 3천

익기 전의 녹색 람부탄 열매

개 이상의 연녹색의 꽃들이 있는데, 대부분이 꽃가루가 없는 씨방을 지닌 꽃들이 많이 존재한다. 수꽃은 노란 밀선(蜜腺)과 5~7개의 수술을 갖고 있다.

태국에서는 람부탄이 처음에는 1926년 수랏타니(Surat Thani) 지방에 중국인 '말레이 봉'(Malay Vong)에 의해 식재되었다. 이 수랏타니에서는 매년 람부탄 박람회가 8월 수확기에 열리고 있다. 말레이시아에서는 람부탄 꽃이 3~7월 및 6~11월 사이에 2번 피는데, 건기가 지나고 우기가 시작되면 또 꽃이 피기 때문이다. 꽃이 피는 기간은 지역에 따라 다르며 꽃이 한창 필 때는 암꽃 원추꽃차례에서 매일 최대 100개의 꽃이 피기도 한다. 처음에는 과실이 25% 정도까지 열매를 맺기도 하지만 대부분 낙과되고 최종 수확기쯤에는 1~3%의 결실을 보인다. 꽃이 핀 다음에 15~18주 정도 지나면 과일이 익는다.

성숙되면서 낙화된 람부탄 열매

말레이시아에서는 람부탄 꽃이 넥타(꿀)의 주요 공급원이다 수꽃과 암꽃에는 약한 달콤한 향기가 있는데 씨방에 밀관(蜜灌)이 존재하기 때문이다. 말레이시아의 연구 보고에 의하면 곤충 등에 의한 수정은 암꽃의 1% 정도가 과실을 맺는 반면 인공수정의 경우, 약 20% 정도가 열매를 맺는 것으로 나타났다. 왜냐하면 자연적인 수정에서는 수분매개체들이 암꽃과 수꽃 사이를 교차하지 않기 때문에 제한적인 수분매개가 이뤄지고 그래서 과일을 맺는 비율이 저조하다는 것이다.

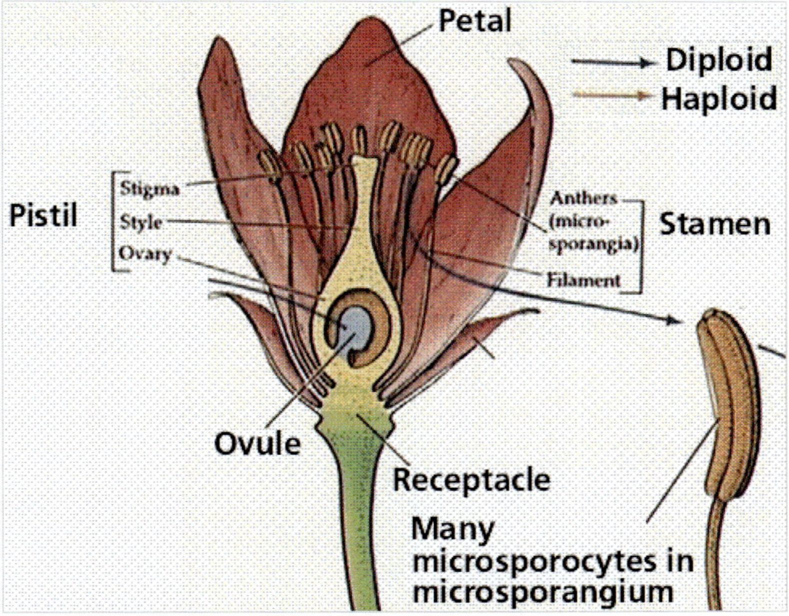

꽃의 배주(胚珠)
(http://www.cartage.org.lb/en/themes/sciences/botanicalsciences/plantreproduction/floweringplant/FlowerStructure/FlowerStructure.htm)

■ 생산성 향상

호주(Australia)의 경우, 최근 람부탄의 재배가 확산되고 있는 추세이고 퀸즐랜드(Queensland) 지역에서 집중적으로 재배되고 있다. 또한, 북부 테리토리(Northern Territory)의 람부탄 산업은 퀸즐랜드보다 작지만 호주 전체 람부탄 산업의 약 33%를 점유하고 있다. 이처럼 호주에서 람부탄이 새롭게 부각되고 있는 이유는 채산성이 높다는 것이다.

그러나 람부탄 재배를 위해서 북부 테리토리(NT) 지역에서는 주

호주 : 퀸즐랜드와 북부지역(NT)
(http://dunkeldhousemigration.com/auz.htm)

로 건기(5~9월)에 관개수가 필요하다. 관개율과 그 빈도수는 과수원에 따라 다르다. 우기(10~4월)에는 전체 강우량이 충분하지만 기간 내에서 강우량의 변화가 심해서 관개수가 필요한 실정이다. 최북단에 있는 다윈(Darwin)에는 이미 람부탄 생산을 위한 관개전략이 수립되었다. 이러한 전략은 '가뭄기간'(droughtiness period)에 개화 및 결실을 향상시키기 위한 관개방법으로 향후 람부탄 재배자들에게 소득안정에 크게 기여할 것으로 기대되고 있다.

또 다른 람부탄 재배에 필요한 지식은 나무의 영양문제이다. 람부탄의 비료관리에 관한 문헌은 과학적인 실험에 근거하지 않고 재배자의 경험을 토대로 작성된 정보가 대부분이다.

람부탄 재배를 위한 관수시설(캄보디아)

영양분 : 토양과 잎의 샘플을 분기별로 수집해서 분석한다. 잎에서 주로 분석하는 성분은 질소(N), 칼륨(K), 칼슘(Ca) 등이고, 토양에서는 pH, 칼슘(Ca), 마그네슘(Mg) 등을 분석한다. 재배자들이 투입하는 비료와 나무들의 반응 또는 성장을 보면서 이러한 정보를 응용한다면 람부탄이 요구하는 양분에 관한 정보를 얻을 수 있다.

관개수 : 람부탄 농장에서 관개수량, 토양수분상태, 온도와 상대적 습도, 그리고 수목 상태 등의 모니터링을 통해 정보를 수집할 수 있다.

성숙하면서 낙화된 람부탄 열매

Chapter 5.

람부탄의 병충해

충(Insects)

● **광대파리**(Fruit Fly, *Bactrocera* spp.)

람부탄 광대파리(左)와 애벌레(右)
(http://spk-kgawah.blogspot.com/2011/06/list-of-major-rambutan-nephelium.htm)

- 피해 부분 : 열매
- 증상 : 람부탄의 열매는 광대파리의 서식처로 과일에 공극을 만들고 과피에 상처를 유발한다.

■ 방제 : 단백질 미끼에 Methyl Eugenol과 Malation(0.1% active ingredient[27])을 혼합하여 덫 안으로 유인해서 방제한다.

● 벚나무깍지벌레/깍지벌레(Mealybug & Scale Insect, *Pseudococcus lilacinus, Dysmicoccus neobrevipes, Exaallomochlus hispidus, Pseudococcus cryptus*)

벚나무깍지벌레/깍지벌레
(http://spk-kgawah.blogspot.com/2011/06/list-of-major-rambutan-nephelium.html)

■ 피해 부분 : 줄기, 열매 및 꽃

■ 증상 : 줄기, 잎 그리고 과일에 하얀 솜 같은 밀랍형태로 나타난

27 Active ingredient(ai)는 '활성성분' 또는 '유효성분'을 의미한다.

다. 벌레가 달콤한 꿀물을 배설하면 거무스름한 곰팡이가 생겨서 열매의 상품가치를 떨어뜨려 판매를 불가능하게 만든다. 주로 개미들에 의해서 이동되고 쉽게 과수 전체로 퍼진다.

- 방제 : 벌레의 번식을 막기 위하여 벌레가 발생한 가지를 전정(剪定)하고, 미네랄 오일 등을 살포해서 억제한다.

● 과일 천공충 (穿孔蟲, Fruit borer, *Conogethes punctiferalis*)

람부탄 천공충
(http://spk-kgawah.blogspot.com/2011/06/list-of-major-rambutan-nephelium.html)

- 피해부분 : 과일
- 증상 : 나방은 과일의 달콤한 과육을 먹이로 하기 때문에 과일 등에 먹은 흔적이나 상처를 만든다. 나방의 피해를 받은 열매는 상품으로서의 가치를 상실하게 된다.
- 방제 : 과일이 성숙되는 시기에 Dimethoete 또는 Fenthion을 살포한다.

● 잎나방 (Leaf eating Moth, *Adoxophyes privatana*)

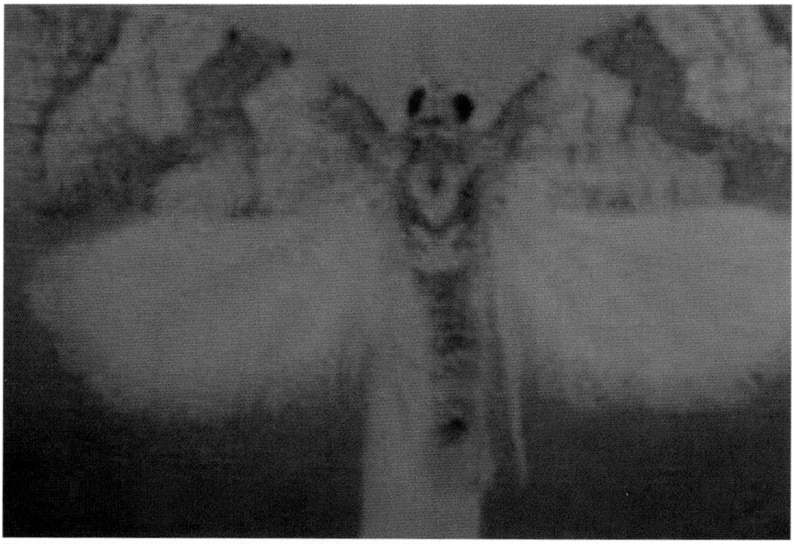

람부탄 잎나방
(http://spk-kgawah.blogspot.com/2011/06/list-of-major-rambutan-nephelium.html)

- 피해 부분 : 잎
- 증상 : 애벌레가 어린잎을 먹고 잎을 말아버린다.
- 방제 : 잎에 Dimethoate 또는 Trichlorphon(0.1 % a.i.)을 살포한다.

- 잎벌레 (Leaf eaters, *Apogonia* spp., *Adoretus* spp., *Hypomeces* spp)

람부탄 잎벌레
(http://spk-kgawah.blogspot.com/2011/06/list-of-major-rambutan-nephelium.html)

■ 피해부분 : 잎

■ 증상 : 성충(成蟲)이 잎을 먹어서 자국을 남긴다.

■ 방제 : 이른 아침이나 오후 늦게 Chlorpyrifos나 Dimethoate 또는 Fenthion을 살포한다.

● 백분병 (白粉病, Powdery Mildew, Oidium nephelii)

람부탄 백분병
(http://spk-kgawah.blogspot.com/2011/06/list-of-major-rambutan-nephelium.html)

- 피해부분 : 나뭇잎, 꽃 및 과일
- 증상 : 곰팡이는 포자로 전파되며 흔히 어린 열매와 꽃에서 발견된다. 감염된 부분은 흰가루 균사체(菌絲體)로 덮혀 있으며, 일반적으로 감염된 과일은 쪼개지고 익기 전에 낙과된다.
- 방제 : 백분병이 발생한 가지는 절단해서 소각하는 것을 권장하고 있으며, 유황복합체와 같은 성분이 함유된 살균제(0.1~0.2% a.i.)를 살포하면 효과적인 방제를 할 수 있다.

병(Diseases)

● 줄기암/곰팡이병 (Stem cancer/scab, *Dolabra nepheliae*)

람부탄 줄기암/곰팡이병
(http://www.hawaii.edu/oc/freepubs/pdf/PD-86.pdf)

- 피해부분 : 줄기
- 증상 : 줄기암 및 곰팡이병에 걸린 줄기나 가지는 축축하게 젖고 음영이 생기고 코르크(cork)같은 조직이나 곰팡이가 형성되며, 시간이 흐르면 줄기와 가지가 죽게 된다.
- 방제 : 적절한 전정 작업이 필요하고, 피해 부분을 긁어내고 captafol(0.1%, a.i.)를 발라서 방제한다.

● 흑가루병 (Black mildew, *Meliola nephelii*)

람부탄 흑가루병
(http://spk-kgawah.blogspot.com/2011/06/list-of-major-rambutan-nephelium.html)

- 피해부분 : 잎과 열매
- 증상 : 흑가루병의 피해를 받은 과일과 잎은 검은 균사체로 덮여 광합성(光合成)을 방지하고 과일의 성장을 저해한다. 이 곰팡이는 벚나무깍지벌레의 상처 부위에 감염되곤 한다.
- 방제 : 흑가루병 발생을 줄이기 위해서는 병에 걸린 가지를 잘라야 하고, 개미에 의한 확산을 막아야 한다. 잎과 줄기에 Chlorpyrifos를 살포해서 개미를 방제하고, 벚나무깍지벌레를 방제하기 위해서 미네랄 오일 등을 살포한다.

개미를 방제할 수 있는 효과적 방법은?

병해충 종합관리(IPM)에 근거해서 농약사용은 극소화시키고 생태계(生態系)에 미치는 부작용을 최소한에 그치게 하는 방법으로서 살충제의 일종인 Chlorpyrifos가 주입된 크림흡수밴드를 개화기 직전에 줄기에 부착한다. 그러면 약 4개월간 개미나 벚나무깍지벌레를 퇴치할 수 있다.

이 방법은 환경친화적이고, 살충제(殺蟲劑) 사용을 줄이고, 밴드는 재활용이 가능하며 장기적으로 비용절감효과가 크다. 람부탄 나무에 유해한 물질이 아니며, 수정이나 기타 익충(益蟲)에 해가 없고, 과일과 잎의 그을음 곰팡이병이 경감되며 과일의 상품가치를 향상시킨다.

● 가루곰팡이 (Powdery Mildew)

- 피해부분 : 개화된 꽃, 가지 및 과일
- 증상 : 주로 과일 등의 상처에 감염되어 과일을 썩게 한다.
- 방제 : 곰팡이에 감염된 부분을 제거하고 연소시키며, 또한 Fungitox, Benlate, Bayleton 등을 살포한다. 그리고 방제약에는 여러 종류가 있는데, 호호바(jojoba)유[28]와 님오일(neem oil), AQ10과 같은 살균제 등이 있다.

28 미국 남서부와 멕시코 북부에서 자라는 상록 관목인데, 이 호호바 나무열매에서 채취한 기름을 호호바유(油)라고 한다.

가루곰팡이 병
(http://www.aea.gov.lk/web/index.php?option=com_content&view=article&id=300&Itemid=257&lang=en(좌)
http://coursewares.mju.ac.th:81/e-learning47/PP300/0017diagnosis/Detail/PD004/PM004D002.htm(우))

● 입고병 (立枯病, Damping-off)

입고병 현상
(http://gardening.about.com/od/gardenproblems/qt/Damping-Off.htm(좌)
http://www.njha.org/projects_hortid_plantpropagation.html(우))

- 피해부분 : 묘목의 뿌리와 줄기
- 증상 : 어린 묘목 등에서 줄기와 뿌리 썩음으로 인한 생장 저하 피해
- 방제 : 종자소독을 통한 종자파종

● 반점병 (斑點病, Leaf Spot)

- 피해부분 : 잎
- 증상 : 주로 잎에 갈색과 검정색의 반점 형태로 나타나고, 확산 단계에 따라서 크기나 색깔이 다르게 나타난다. 시간이 지남에 따라 반점들이 서로 합쳐지거나 얼룩을 형성할 정도로 커지기도 한다. 반점병에 걸린 잎들은 노랗게 변하여서 조기에 낙엽으로 떨어진다. 대부분의 피해는 봄철에 발생하고, 우기(雨期)에는 포자(胞子)들이 빗방울에 튀거나 바람에 날려서 새로 자라나는 부드러운 잎에 감염된다.
- 방제 : 반점병을 일으키는 병균은 감염된 낙엽이나 나뭇가지에서 생존하며, 일부는 죽은 나뭇가지에 남아있기 때문에 병에 감염된 가지 등은 전정하여 소각해야 한다.

람부탄 잎의 반점
(http://forums.gardenweb.com/forums/load/tropicalfruits/msg121531134490.html(좌)
http://commons.wikimedia.org/wiki/File:Rambutan_leaf.jpg(우))

■ 반점병의 종합관리(Integrated Pest Management)

반점병을 그대로 방치하면 전체 나무로 확산되어 수목의 생존에 영향을 미칠 수 있다. 만약, 반점병으로 인한 낙엽 피해가 3년 이상 지속된다면 생육이 왕성한 수목도 피해를 입을 수 있다. 다음은 반점병의 관리방법이다.

❶ 감염된 잎이나 죽은 가지는 제거한다.

감염된 낙엽을 긁어모아서 버리고 죽은 가지는 잘라내어서 반점병의 포자(胞子)들이 새 잎에 감염을 시키지 못하도록 해야 한다. 이것이 완전 치료법은 아니지만 감염병균을 제한시킬 수 있는 방법이다.

❷ 잎을 건조한 상태로 유지시키라.

병에 걸린 수목에 물주는 것을 자제하고, 물이 튀지 않는 호스를 사용하거나 급수를 이른 아침에 해서 잎들이 건조 상태를 유지하도록 해야 한다. 왜냐하면 물이 튀면 반점병균이 확산될 수 있다. 가지에서 통풍이 잘 되도록 전정을 하면 반점병의 확산을 막을 수 있다.

❸ 나무를 건강하게 유지하라.

대부분의 수목은 약간의 낙엽 피해는 견딜 수 있기 때문에 나무의 건강을 잘 유지하면 잎은 다시 돋아난다. 또한, 토양 검사를 통해 과도한 비료 시비는 주의해야 한다. 왜냐하면 시비의 영향으로 수목의 수관이 풍성하고, 과도한 성장으로 부드러운 조직이 형성되면 병충해의 공격에 약해지기 때문이다. 특히, 질소비료의 과다 사용은 식물의 풍성한 성장을 유도하여 병충해의 피해를 받기 쉽다.

❹ 필요하면 살균제를 사용하라.

반점병이 심각하게 감염되어 수목의 생명을 영향을 줄 정도라면 살균제의 사용이 유익할 수 있다. 살균제의 스프레이 정도는 감염된 잎을 치료하기 어려울 수 있다. 스프레이는 일반적으로 봄의 새순이 돋을 때 사용하되 10~14일 간격으로 반복해서 사용한다.

❺ 감염된 과수를 제거하고 새로운 수목을 식재하라.

과수 생산자는 병에 감염된 과수 제거 및 새로운 과수 식재와 같은 과감한 조치를 통해 반복적인 반점병의 피해를 예방하고 좋은 결과를 얻을 수 있음을 체험하고 있다. 새로운 수목을 식재할 경우, 종류가 다른 나무를 택하거나 내병성이 강한 품종으로 교체해야 한다.

시장에서 판매되고 있는 람부탄

Chapter 6.

수확 및 유통

■ 수확

람부탄의 수확은 과피가 연분홍색 또는 붉은색이 되면 시작한다. 그러나 한 가지에 열린 과일은 동시에 익지 않는다. 따라서 200~300그루 정도 식재한 중간규모의 과수원에서는 수확기가 한창일 때는 2~3일 간격으로 수확한다. 일반적으로 품질이 좋은 람부탄을 구입하기 위해서는 가지에 붙어있는 과일을 선택하는게 좋다. 왜냐하면 가지에 붙어 있는 과일은 부패, 상처 및 해충의 피해 가능성이 적으며, 가지에서 분리된 과일보다 가지에 붙어있는 과일이 신선도가 높기 때문이다. 그래서 시중에서 판매되는 람부탄은 대부분 가지에 달린 채로 판매되고 있고 있다.

람부탄의 품질의 다른 지표는 과육이 씨앗으로부터 얼마나 쉽게 분리되느냐는 것이다. 과육이 씨앗으로부터 쉽게 분리되는 경우에는 문제가 없지만, 간혹 씨앗의 껍질부분이 과육에 묻어 있는 경우가 있다. 그 씨앗의 외피는 날로 먹으면 부작용이 있어 기침을 잘하는 사람은 람부탄을 많이 먹으면 안 된다고 한다.

가지에 붙어 있는 람부탄 열매

람부탄은 처음 열매가 맺히면서 수확까지 대략 100~120일 정도가 요구되는데, 수확은 과피(果皮)의 색과 열매가 맺힌 후의 일수 등에 의해서 결정한다. 일반적으로 람부탄은 열매가 붉은색으로 변하고 16~28일 정도가 지난 후에 수확을 하면 가장 적절한 상태가 된다. 그러나 시장의 가격 변동에 의해 높은 가격에 판매하기 위해 10일 정도 수확을 앞당기기도 한다. 그러나 과일을 너무 일찍 수확하면 단맛과 품질이 저하된다.

생산자로부터 포장 공장(packing house)까지의 운송은 대형 트럭을 이용한다. 만일 포장 공장이 근처에 있을 경우에는 작은 트레일

러로 운반을 할 수 있다. 운반시설의 종류에 관계없이 상하차(上下車) 작업을 할 때 주의 깊은 취급이 매우 필요하다. 또한 컨테이너를 운반차에 실을 때 적재높이와 배열 그리고 공기순환에 주의가 필요하다. 왜냐하면 적재한 과일을 서늘하게 유지하기 위해서는 공기순환이 필요하다. 만일 컨테이너에 공기가 순환되지 않으면 과일의 호흡작용으로 열이 발생하고 보관기간이 단축된다. 그리고 적재하면서 적절한 습도를 유지하기 위해서 물을 살포하는데, 만약 습도가 감소하면 표피에 달려있는 가지가 시들고 과일의 품질이 저하되기 때문이다. 일반적으로 소비자들은 과일의 표피가시가 검은색으로 변하면 과일이 신선하지 않다고 판단하기 때문이다.

과일의 수분 유지를 위해 물에 적신 모습

람부탄의 일반적인 유통체계를 요약하면 다음과 같다.

람부탄 수확 후 유통체계
(http://www.itfnet.org/gfruit/Templates%20English/rambutan.harv.post.htm)

분류 : 수확된 람부탄은 크기, 형태 및 색깔 등에 의해 분류작업이 이뤄진다. 만약 상처가 있거나 탈색된 과일이 있다면 제거한다. 그리고 과일에 곰팡병 등에 걸린 과일이 있다면 다른 과일에 오염되는 것을 방지하기 위하여 제거한다.

세척 : 람부탄 과일에서 먼지나 잔류 살균제를 제거하기 위하여 그리고 동시에 예냉(豫冷)효과를 위하여 세척한다. 부패 발생을 줄이기 위하여 염소(鹽素)를 100ppm 정도 물에 추가하여 세척하는 경우도 있다.

건조/헹굼 : 건조작업은 과일의 표피에 과도한 물기를 제거하는 작업으로 선반에 올려서 건조한다. 그러나 건조 과정에서 송풍기에 직접 노출되지 않도록 해야 한다.

등급화 : 람부탄 품질의 기준은 과일 크기, 형태, 무게, 색, 상처 등에 의해서 등급화 된다.

람부탄의 성숙도 지수 : 과일의 표피와 가시의 색깔이 성숙도의 주요 결정변수이다. 과피가 초록이고 녹색을 띤 빨간 가시가 달린 람부탄은 신맛을 가지고 있다. 초록색 과피가 붉은색으로 변하는 단계에서 당도는 20% 정도 증가하고 신맛은 절반 정도로 감소한다. 그래서 맛있는 람부탄을 위해서는 과피가 붉은색으로 변하기 시작한 후부터 16~28일 정도 지나야 한다. 그렇게 되면 람부탄의 표피와 가시가 밝은 색으로 변한다. 너무 과도하게 성숙된 과일은 물컹한 질감을 갖게 되며, 이것은 과일의 노화현상을 나타낸 것으로 조직이 파괴되기 시작한 것을 의미한다.

과피와 가시가 밝은색으로 변한 과일

등급/크기/포장 : 낱개의 람부탄의 분류는 다음과 같이 5등급으로 분류한다.

람부탄 분류

등급	무게(g)/개	과일 수/kg
1등급	> 50	< 20
2등급	40~50	20~25
3등급	32~39	25~31
4등급	26~31	32~38
5등급	< 26	> 38

가지묶음 또는 클러스터(cluster)로 판매할 때는 과일의 개수에 의해 3가지로 구분된다. 일반적으로 가지에 많은 과일이 맺히면 과실의 크기가 작아지므로 클러스터 과일의 개수로 등급을 구분한다.

클러스터(cluster)로 수확된 람부탄 등급 구분

등급	과일 수/kg
1등급	< 28
2등급	29~34
3등급	> 35

람부탄 과일은 흔히 섬유판 상자 2.25kg와 4.5kg 크기로 판매된다. 그러나 농장이나 시장에서는 넓적한 광주리에 담아서 판매하는 경우가 대부분이다.

포장(包裝) : 포장은 람부탄의 마케팅과 분배를 위해서 편리한 크기로 만들 수도 있다. 포장은 분배작업을 하는 과정에서 피해를 입지 않도록 내용물을 보호할 수 있어야 한다.

소매포장 : 소매를 위한 람부탄은 자연 상태 또는 폴리프로필렌(polypropylene)[29] 용기(用器)를 사용하여 포장하기도 한다.

벌크포장 : 주름 있는 골판지(Corrugated fiberboard, CFB) 상자는 주로 수출용 람부탄을 벌크 포장하는데 사용된다. 이러한 과일용기는 과일을 손상시키지 않고 쌓아올릴 수 있도록 디자인 되어 있다. 바나나 잎이나 헌 신문지와 같은 쿠션용 재료를 사용할 수 있는데, 이는 과일을 처리하는 과정에서 찰과상을 입지 않고 상해를 입지 않도록 하고자 함이다. 그러나 골판지 박스는 습기를 흡수하여 힘을 상실하기 쉬운 단점이 있다. 그래서 포장 안에서의 습기 발생을 예방하기 위해 공기가 순환될 수 있도록 해야 한다.

과거에는 대나무 바구니를 사용하였는데 과일이 날카로운 대나무

---

29 폴리프로필렌은 석유 화학 공장에서 나프타를 분해할 때에 에틸렌과 함께 생기는 프로필렌을 중합하여 얻는 고분자 화합물을 말한다.

바구니 표면에 상처를 입게 되거나, 과일 바구니를 쌓아올릴 경우 아래에 있는 바구니의 과일이 무게에 억눌리는 피해가 나타나곤 했다. 만일 대바구니를 사용한다면 물량을 취급하는 과정에서 높이 쌓아올리는 일이 없도록 해야 하며 쿠션재료의 사용이 필요하다.

수출용 포장 : 수출을 위해서는 낱개로 분류된 람부탄을 22x31x9cm의 판지(板紙) 박스에 느슨하게 포장해야 한다. 박스의 무게는 일반적으로 2~4kg이지만 수입업자의 요구에 따라 포장이 변하기도 한다. 그런데 박스의 무게가 16kg 이상이면 항공수송에 적합하지 않고 선박수송이 더 적합하다.

상표부착 : 수출용 상자마다 과일의 이름과 생산자 그리고 무게 등과 함께 상표를 부착한다.

저장 : 람부탄은 주위 온도 환경에 따라서 1~2일 정도만 보관할 정도로 저장기간이 짧다. 과일에 왁스 처리를 하지 않으면 상대습도 95% 하에서 온도를 8~15℃로 유지하는게 좋다. 이렇게 하면 저장기간이 14~16일 정도로 연장된다. 그러나 이보다 시간이 지나면 과육은 영향이 없지만 과피와 가시에 색깔 변화로 인해 상품가치가 하락할 수 있다.

람부탄을 5℃에 저장하면 3주 정도까지 보관을 할 수 있는데, 과피와 가시가 검은색으로 변하고, 과피는 주름이 생기면서 얇아져 작아진다. 이것은 저온저장에 따른 생리적인 장애이다. 하지만 과육은 좋은 상태를 유지할 수 있다.

그리고 저장 기간이 오래되면 과일이 짓물리면서 갈색으로 변하는 썩음병에 감염될 수 있다. 썩음병이 확산되면 과육에까지 영향을 줄 수 있다. 그렇기 때문에 구매자가 원하는 날자와 물량에 근거하여 수확을 계획하는 것이 중요하다.

수송 : 과일의 품질 저하 특히, 시드는 것을 방지하기 위해서 포장 작업이 끝나면 가능한 빠른 시간 내에 시장으로 수송과 분배가 이뤄져야 한다. 소매시장으로 수송하기 위해서는 중소형 트럭이나 밴을 사용할 수 있다. 이 과정에서 적절한 공기순환이 가능하도록 과일을 적절하게 배열하는 것이 매우 중요하다. 소송과정에서 햇빛의 열을 회피하기 위해서 밤이나 이른 새벽 에 수송하는 것이 바람직하다.

수출시장 : 수출을 위한 수송은 수확 후 24시간 이내에 냉장 상태에서 항공으로 수송되어야 한다. 람부탄은 표피색이 변화되기 전에 온도 12℃에 보관하면 6일 정도 저장이 가능하다. 이보다 더 높거나 낮은 온도에 노출되면 품질의 급격한 저하가 발생한다. 예를 들어, 열대에서 상온인 26～30℃에서 3일간 노출되면 과피의 색깔은 변화가 나타난다. 그렇다고 7℃ 이하의 온도에서 보관하면 냉해가 발생하여 과육의 품질 저하가 발생한다.

수확 후 관리 : 과일이 공기순환 구멍(ventilation holes)이 없이 밀봉된 폴리에틸렌에 보관하면 밀봉되지 않은 채로 보관하는 경우보다 저장기간이 더 길어진다. 산소 분자(O_2)가 3～5%이고 이산화탄소(CO_2)가 7～12%인 환경에서는 람부탄의 호흡률이 감소되어서 붉은색의 상실 속도가 줄어들며 과일의 노화증상도 느리게 진행된다. 람부탄은 상온(常溫)에 노출되면 2주 정도 저장이 가능하지만 제어된 환경에서는 잠재적으로 4주까지도 가능하다. 수확 후 효과적인 병해 방지 전략을 위해서 주의 깊은 취급과 적절한 위생, 알맞은 온도, 그리고 습도관리 등이 필요하다.

람부탄은 광대파리(fruit fly)가 기생하는 과일이기 때문에 X-ray (250 Gy) 처리와 열처리(49℃)를 하는데, 이는 수입국의 관심사인 충을 궤멸시킬 수 있다. 물론 이러한 열처리를 하면 표피색이 급격하게 변하는 단점이 있다.

● 태국

람부탄의 수확은 꽃이 만개(滿開)한 후 90~120일 정도 지나면 시작한다. 대부분의 람부탄 품종은 같은 가지에서도 열매의 성숙 시기가 다르기 때문에 수확을 몇 차례로 나눠서 진행한다. 너무 성숙된 과일의 과육은 정상적인 과일보다 건조하고 단단해지므로 품질이 떨어진다.

람부탄은 클러스터 형태로 수확해서 과일을 낱개로 정리해서 팔거나 과일 부케(bouquet)로 판매하기도 한다. 부케는 매우 고도의 장식을 하고 흔히 꽃처럼 정돈을 한다. 대개 부케는 과일 클러스터들을 정리하고 그 줄기를 묶어서 판매하는데, kg 단위로 팔거나 20개, 50개, 또는 100개의 과일을 엮어서 판매하기도 한다.

유기농 람부탄의 생산비는 약 19,369Baht/Rai로[30] $3,741/ha정도이다. 유기농으로 생산한 람부탄의 가격은 13.5Baht/kg 정도이므로 $0.42/kg인 셈이다. 그 결과 순이윤(純利潤)은 2.68Baht/kg 즉,

낱개(좌) 및 부케(우)로 판매하는 모습

30 1달러($1)는 32.36Baht(1Baht=$0.030907)이고, 1ha는 6.25rai(1rai=0.16ha)이다.

람부탄의 수확 및 판매준비 작업
(http://allfruits.blogspot.com/p/fruits-name-starts-with-letter-r.html)

$0.083/kg으로서 이는 겨우 8.3/kg를 의미한다. 이와 같이 유기농 람부탄 과일의 낮은 순이윤은 농민들이 전문 상인들과 협상을 성공적으로 하지 못하는 것으로 분석되었다(Kittilikitsak, 2010).

● 인도네시아

람부탄은 수확량에 따라 가격의 변화가 심하다. 그렇기 때문에 수확량이 많은 시기에 가공이나 포장을 통하여 생산자들의 수익성을 향상시킬 수 있는 방안이 필요하다. 현재는 통조림과 주스생산이 가장 유망한 가공으로 장려되고 있다.

최근에는 조정기압포장(modified atmosphere packaging)에 의해 저장기간이 3주 정도로 연장되었다. 그러나 람부탄의 운송과정의 처리

인도네시아의 람부탄 벌크 운반
(http://edepot.wur.nl/162871)

방식에 상관없이 저장기간이 14~18일을 초과하기 어렵기 때문에 선박을 이용한 수송방식은 현명한 선택이 될 수 없다. 그래서 조정기압포장(MAP)의 최적화와 함께 저온유통(低溫流通)시스템도 고려할 필요가 있다. 태국은 저온유통을 통하여 아스파라거스, 옥수수 및 과일 등과 같은 농산품을 영국이나 호주까지 수출하고 있기 때문에 이러한 기법을 람부탄에도 적용할 수 있도록 연구할 필요가 있다.

● 말레이시아

말레이시아에서 재배되는 열대과일은 즙이 많고 달거나 새콤달콤한 맛을 내며 향기가 매우 강하다. 그래서 열대과수 농장이 전국적으로 확산되었고 과일의 생산량이 급속하게 증가하였다.

람부탄 농장
(http://www.simplemalaysian.com/fruits/rambutan/rambutan.html)

말레이시아의 여러 과일 중에서 람부탄은 소비자들에게 인기가 있는 과일이다. 그래서 시장이나 도시주변의 거리에서 행상들이 람부탄을 많이 쌓아놓고 판매하는 것을 쉽게 발견할 수 있다. 람부탄은 생산비용이 저렴하기 때문에 가격도 저렴하여 몇 링깃(Ringgit)[31]을 지불하면 많은 양의 람부탄을 구입할 수 있다. 말레이시아는 람부탄의 원산지이기 때문에 상당히 많은 품종이 존재하며, 특히 붉고 노란 품종들이 많다.

31 말레이시아 화폐단위(MYR)는 링깃 또는 링키트(Ringgit)이라 하며, 1MYR은 0.31USD이다(2014년 3월).

말레이시아의 붉은색(좌)과 노란색(우) 람부탄 품종
(http://malaysianfruits.wordpress.com/2009/08/19/rambutan
http://www.malaysia-wildlife-and-nature.com/fruits-of-malaysia.html)

람부탄의 재배면적(2011년)은 27,000ha이고, 연평균 생산량이 6,000톤 수준이었다. 람부탄을 가장 많이 재배하는 주는 사라와크(Sarawak)州로서 5,380ha정도이며, 다음으로는 켈라탄(Kelantan)州의 2,253ha 및 케다(Kedah)州 2,100ha 순으로 재배되고 있다.

말레이시아 : 사라와크, 켈라탄, 케다
(http://travelmalaysiaguide.com/images/Maps/malaysia-overview-map.jpg)

일반적으로 람부탄은 6월과 12월에 두 차례 수확을 한다. 주된 수확은 6월에 이뤄지며 12월에는 상대적으로 적은 양을 수확한다. 람부탄의 수확은 나무 가지에서 열매가 달린 클러스터 형태로 수확해야 한다. 만일 낱개로 수확한다면 타박상(打撲傷)과 눌려서 상처를 입는 일이 없도록 해야 한다. 또한, 과피의 가시도 부러지거나 상하지 않도록 해야 한다. 만약 취급 과정에서 가시가 상처를 입으면 검은색으로 변하여 상품 가치가 하락하게 된다. 일반적으로 신선한 과일은 플라스틱 봉지에 담아서 5~7일 정도 냉장시켜서 보관할 수 있으며, 상온(常溫)에서도 2~3일 정도를 보관할 수 있다.

람부탄의 과육은 달콤하고 부드러운 신맛과 매우 상쾌한 향을 지니고 있어 샐러드와 아이스크림과 함께 먹어도 좋다. 또한, 셔벗(Sorbet)[32], 케밥(Kebab)[33], 치즈 및 고기 요리에 첨가하여 먹기도 한다.

● 미국

미국은 태국과 말레이시아에 이어 세계 3위 수출시장으로 선진국의 람부탄 산업의 노하우를 살펴보고자 한다.

생산(Production) : 람부탄은 하와이에서만 생산이 되고 있다. 그러나 하와이에서의 람부탄 생산량은 가격이 불안정함에도 불구하고 재배면적이 계속 증가하고 있는 실정이다. 또한, 품종 육종과 재배기술의 발전에 힘입어서 산출고 역시 증가하고 있다.

---

32 셔벗(Sorbet)은 전형적으로 과일주스나 과일 퓨레(fruit puree) 등의 향을 지니고 달콤한 물로 만든 얼음 디저트를 말한다.

33 케밥(Kebab)은 세계적으로 유명한 터키의 전통요리로서 '꼬챙이에 끼워서 불에 구운 고기'를 말한다.

하와이의 람부탄 생산현황(2003~2007)[34]

연도	식재면적 (ha)	수확면적 (ha)	농가가격 ($/kg)	판매액 ($1,000)	생산량 (톤)
2003	270	185	6.01	834	63
2004	285	185	5.72	723	126
2005	250	175	5.52	990	179
2006	305	190	6.20	372	60
2007	330	265	5.26	1,969	374

수입(Imports) : 람부탄을 수입하는 주요 국가는 과테말라(Guatemala), 온두라스(Honduras), 멕시코(Mexico) 그리고 중남미(Central America) 등이다. 그러나 람부탄 수입에 대한 국제통일상품분류체계(Harmonized System)는 아직도 갖추지 못하고 있는 실정이다. 그래서 람부탄과 비슷한 리치의 HTS(Harmonized Tariff Schedule)와 혼용해서 사용하고 있다. 심지어 PIERS(Port Import Export Reporting Service) 자료에서도 배로 수입하는 람부탄의 자료를 반영하고 있지 않다.

수출(Exports) : 하와이의 람부탄은 미국 내에서만 거래되고 외국으로의 수출은 되고 있지 않다.

소비(Consumption) : 람부탄 소비는 하와이에서 공급하는 양으로 충분하지 않기 때문에 수입 물량이 꾸준히 증가하고 있다. 그러나 미국내 람부탄의 소비는 특정 인종 그룹 사이에서 집중적으로 나타나고 있는데, 특히 아시아와 히스패닉(Hispanic)[35] 사이에서 많이 소비되고 있다.

---

34 http://moacdc.thaiembdc.org/pdfs/reports/report_fruit_marketing.pdf

35 히스패닉은 미국에 살고 있는 라틴 아메리카 사람들을 지칭하는데, 미국 인구조사국에서는 구체적으로 쿠바, 멕시코, 푸에르토리코, 중남미, 또는 인종에 상관없이 스페인 또는 브라질과 같은 포르투갈 문화권 출신 사람들을 말한다.

미국 하와이 람부탄
(http://www.pinterest.com/pin/163959242658400417/)

가격(Pricing) : 농무성의 농산물마케팅서비스(Agricultural Marketing Service)에서 도매가격결정은 5파운드 상자를 근거로 한다. 지난 2008년 1~8월의 최저 평균가격은 샌프란시스코의 $25.00/5lb.이었고, 최고 평균가격은 뉴욕의 $47.50/5lb.이었는데, 이는 최저 평균가격이 $11.00/kg, 최고 평균가격이 $20.9/kg를 의미한다.[36]

수입상/분배상(Importer/Distributor) : 조사결과에 의하면 많은 주요 분배상들이 람부탄을 취급하고 있지만 소량으로 취급하는 과일이며, 높은 부패성 때문에 거래 위험도가 높다고 경고하고 있다. 그럼에도 불구하고 서부연안에서는 람부탄에 대한 인지도가 증가하고 있으며, 최근 새로운 과일을 원하는 소비자들에게 매력적인 과일이다.

36 1 kg은 2.20462262lbs(Pounds)이다(1 lb=0.45359237 kg).

■ 유통

농산물의 유통(marketing)이라는 것은 생산과정을 지나서 수집, 운반, 선별, 표준화, 가공, 저장, 수송, 판매, 수출 등의 모든 활동을 총괄해서 상품이나 서비스의 교환과정 전체를 다루는 것을 의미한다. 아래에서는 그 주요한 과정들을 설명하고자 한다.

● 람부탄의 저장 및 가공[37]

저장 : 람부탄은 냉장고에 저장하는 것이 좋고, 상온(常溫)에서 보관할 경우에는 약 3일 정도 보관 가능하다.

람부탄의 수확 후 호흡작용으로 습도 상실과 함께 과일의 품질저하가 나타난다. 왜냐하면 과피에 수많은 기공(氣孔)들이 존재하기 때문이다. 만약 상온에서 5~8일 정도 보관하면 수분 손실로 중량이 20~25% 상실하게 되고, 과피와 털이 검정색으로 변하게 된다. 그렇지만 과일 그 자체는 온전히 먹을 수 있으며 전체적으로 품질저하가 거의 발생하지 않는다.

람부탄이 갈색으로 변하거나 무게가 감소되는 것을 예방하기 위해서는 저온저장과 습도를 보존하는 시설이 필요하다. 람부탄의 바람직한 저장온도는 10℃이며, 보관방법은 밀봉한 플라스틱 포대를 이용하는게 효과적이다. 저온과 밀봉된 플라스틱 포대에서 12일 정도 유통이 가능하다. 저온에 보관된 람부탄은 과육(果肉)이 단단하고 투명한 색으로 변한다. 당도 또한 수확기에 51mg/g 이던 것이 12℃에서 6~11일 정도 보관하면 76mg/g 수준으로 향상된다. 만일 보관온도가 7℃ 이하로 내려가면 껍질에 냉해가 발생할 수 있으므로

37 http://www.hort.purdue.edu/newcrop/CropFactSheets/Rambutan.html#Common Names

람부탄 포장
(http://www.tropicalfruit.vn/p/rambutan.htm)

온도 조절에 주의해야 한다.

아래는 수출금액 1백만 달러 이상인 국가들 자료를 정리하였다. 그중에서도 1천만 불 이상의 수출국은 태국($4.1천만), 말레이시아($2.2천만) 및 미국($2.1천만)[38]의 3개국이었다.

람부탄의 주요 국별 수출 내용(2004)

국가	수량 (톤)	금액 (천$)	$/톤
태국	120,886	40,692	337
말레이시아	71,191	21,682	305
미국	18,293	21,104	1,154
케냐	16,966	9,691	567
호주	2,760	8,473	3,070
인도네시아	3,152	3,394	1,077
베네수엘라	6,117	2,043	334
중국	8,400	1,260	150
이집트	2,847	1,144	402
마다가스카르	1,574	1,008	640

38 미국 수출액은 하와이 람부탄을 미국 본토로 판매한 금액이다.

람부탄의 톤당 수출가격은 호주의 $3,070에 이어서 미국의 $1,154, 인도네시아의 $1,077 등의 순이고 나머지 7개국은 마다가스카르의 $640에서 중국의 $150 수준에 이르기까지 다양한 수준이다. 그러나 수출량 기준으로 보면 태국(12.1만 톤), 말레이시아(7.1만 톤), 미국(1.8만 톤), 케냐(1.7만 톤) 등의 순이고, 제일 적은 물량은 마다가스카르의 1,600여 톤으로 기록되고 있다.

가공 : 람부탄의 부가가치(value added)를 향상시키기 위해서는 가공 기술이 필요하다. 일반적으로 잼(jam), 젤리(jelly), 칵테일(cock-tail), 과자류 그리고 통조림 제품 등으로 가공되고 있다. 그러나 이런 가공품은 신선과일의 맛과 향을 잃게 한다.

가격결정(Price Determination) : 람부탄의 가격결정은 일반적으로 농민들에게 구매가격을 제공하는 현지 중간상인들에 의해 이뤄지는데, 그들은 시장정보에 근거해서 가격협상을 하게 된다.

말레이시아 람부탄 가격(MYR 4.49/kg)
(http://www.geocities.ws/malaysianfruits/rambutan.html)

최근 람부탄 농장 주변의 도로 여건이 급격하게 향상되어 트럭 상인 즉 브로커(broker)들의 숫자가 증가하고 있으며 개별농민들도 유통업에 참여하기 시작하였다. 이러한 현상이 바로 전통적인 유통 채널을 변화시키고 있다. 왜냐하면 농민들이 람부탄을 자기 차량에 다 싣고 대도시의 도・소매상들을 직접 상대해서 과일을 매매하기 때문이다. 일찍이 볼 수 없었던 새로운 유통방식이다.

도매시장(Wholesale Market) : 도매시장에서의 가격결정은 주로 당일 도매시장에 공급량과 수요량을 관찰하고 도매상인들이 결정한다. 따라서 시장에서의 가격변화는 수요와 공급 상황에 따라서 결정된다. 현재 존재하는 시장에서는 거래되는 과일의 경매제도는 아직 도입되지 않고 있다.

유통 인프라(Marketing Infrastructure) : 태국과 같이 람부탄 대량 생산국에서는 효율적인 유통과 수출 서비스를 촉진하기 위하여 소위 말하는 '원스톱'(one-stop) 서비스 정책을 개발하고 있다. 이것은 과일이나 채소류의 취급, 등급화 포장, 품질 컨트롤, 인증, 세관 업무 등의 복잡한 업무를 중앙마켓에서 통합하여 수행하도록 한 제도이다. 물리적으로 새로운 유통 인프라(marketing infrastructure)를 통해서 경매와 과일매매와 관련된 정부와 사기업 조직의 서비스를 통합하고 국내 및 수출시장의 생산자와 상인들에게 이익을 제고시킬 수 있도록 해야 한다.

유통채널(Marketing Channels)[39]: 신선 및 가공 과일의 주된 국내 유통채널은 『농장-브로커-도매상-소매상-소비자』이다. 가공 과일에 관해서는 브로커들이 과일수집상 역할을 한다. 즉, 브로커들은

39 http://www.journal.au.edu/au_techno/2008/jan08/journal113_article01.pdf

신선과일을 농민들로부터 구입해서 가공공장에 판매한다. 그러나 많은 가공회사들은 람부탄의 물량을 확보하기 위해 직접 농장을 운영하거나 농민들과 계약생산을 하기도 한다.

람부탄의 월별 유통시즌[40]

1월	2월	3월	4월	5월	6월	7월	8월	9월	10월	11월	12월
미국	미국				미국	미국					
				태국	태국	태국	태국	태국			
							필리핀	필리핀	필리핀		
				중남미	중남미					중남미	중남미
					말레이시아						말레이시아
				베트남	베트남	베트남	베트남	베트남	베트남		

40 http://moacdc.thaiembdc.org/pdfs/reports/report_fruit_marketing.pdf

Chapter 7.

람부탄의 건강혜택

람부탄 과일의 영양분을 미국 농무성(USDA) 자료를 보면 람부탄 과육 100g 당 탄수화물이 20.87g으로 가장 많으며 망간(manganese)이 성인 하루 권장량의 16%, 나이아신 9%, 비타민 C 6% 등의 순으로 나타났다. 그 외에도 지방, 단백질, 인, 철분 그리고 칼슘도 포함되어 있다. 줄기는 사포닌(saponin),[41] 타닌(tannin), 철분, 펙틴(pectin)[42] 성분, 그리고 플라보노이드(flavonoids)[43]를 함유하고 있다. 람부탄 과일의 씨앗은 폴리페놀(polyphenol)[44]과 지방을 함유하고 있다. 람부

41 사포닌(Saponin)이란 화학적으로 다당체(多糖體)라고 부르는 일종의 유기화합물로서 당분이 고리처럼 연결된 고분자 물질로 인체의 면역력 증진에 도움을 주는 식물 고유의 기능성 물질이다. 식물의 뿌리, 줄기, 잎, 껍질, 씨 등에 주로 분포하는 물질이다.

42 펙틴은 익은 과일에 함유되어 있는 탄수화물을 말한다.

43 폴리페놀에 속하는 플라보노이드(flavonoids)는 수천 종의 물질들이 알려져 있으며 대표적인 항산화제 물질로는 안토시아닌이나 카테킨, 퀘시틴 등이 있다. 폴리페놀 성분의 가장 강력한 기능으로서 바로 우리 몸의 활성산소를 쉽게 제거해준다. 결국, 플라보노이드는 성인병의 주원인이 되는 활성산소로부터 세포를 보호하여 노화를 억제하는 항산화 작용을 주로 하는 물질이다.

44 폴리페놀(polyphenol)은 식물 내에 존재하는 여러 페놀화합물질의 총칭이다. 식물이 자라면서 여러 가지 유해환경으로부터 자신을 보호하기 위한 보호물질이라고 할 수 있다. 하나의 식물에는 수천가지에 이르는 여러 종류의 폴리페놀이 함유돼있다. 각 폴리페놀은 각기 수행하는 역할이 조금씩 다르지만 우리가 섭취할 때 공통으로 나타나는 기능이 있는데, 그것이 바로 항산화와 항암효과를 가져오며 당뇨병, 동맥경화, 암 등을 유발하는 유해산소를 제거하고 노화를 늦춘다.

탄이 제공하는 이들 영양분과 미네랄은 인체의 질병 치유에 도움이 될 수 있는 물질들이다.

람부탄의 과육 100g당 영양분*

열량 (Energy)	343 kJ (82 kcal)
탄수화물 (Carbohydrates)	20.87 g
식이섬유 (Dietary fiber)	0.9 g
지방 (Fat)	0.21 g
단백질 (Protein)	0.65 g
티아민 (Thiamine) (vit. B_1)	0.013 mg (1%)
리보플라빈 (Riboflavin (vit. B_2)	0.022 mg (2%)
나이아신 (Niacin) (vit. B_3)	1.352 mg (9%)
비타민 (Vitamin) B_6	0.02 mg (2%)
천연엽산 (Folate) (vit. B_9)	8 µg (2%)
비타민 (Vitamin) C	4.9 mg (6%)
칼슘 (Calcium)	22 mg (2%)
철 (Iron)	0.35 mg (3%)
마그네슘 (Magnesium)	7 mg (2%)
망간 (Manganese)	0.343 mg (16%)
인 (Phosphorus)	9 mg (1%)
칼륨 (Potassium)	42 mg (1%)
소듐 (Sodium) (= 나트륨)	11 mg (1%)
아연 (Zinc)	0.08 mg (1%)

* %는 미국기준 성인 1일 요구량 비율임.

람부탄 과일은 말레이시아에서는 전통적인 의약품으로 사용되었고, 인도네시아에서는 수백 년 동안 당뇨, 고혈압, 그리고 다양한 질환의 치료에 사용되었다. 람부탄에 포함된 베타카로틴(beta carotene)과 비타민 C에서 얻게 되는 항산화제 외에도 람부탄의 과육, 씨앗, 그리고 껍질은 플라보노이드라고 불리는 강한 항산화제를 함유하고 있다. 특정한 종류의 플라보노이드는 콜레스테롤을 저하시키고 항암 및 항소염 특성을 소유하고 있는 것으로 믿는다. 람부탄을 한 번만 먹어도 우수한 철분을 공급하여서 현기증을 멈추게 하며 철분이 낮아서 발생하는 빈혈로 인한 피곤함을 멈추게 한다.[45]

또한, 람부탄의 민간요법 효과를 요약하고자 한다.[46]

1. 해로운 지방(Fat)의 감소 : 씨앗을 갈아서 섭취하거나 또는 다른 식품과 혼합해서 소비하면, 체지방(體脂肪)을 줄이는데 효과적이다.
2. 피부보호(Skin Care) : 씨앗을 분쇄해서 다른 식품과 함께 소비하면 피부를 매우 건강하고 부드럽게 만든다.
3. 두발보호(Hair Care) : 잎 2~3장을 물을 조금 붓고 믹서(mixer)에 갈아서 반죽을 만든다. 그런 후에 깨끗한 천을 이용해서 람부탄 잎의 즙을 걸러낸 후 젖은 두피(頭皮)에 매일 바르면 모발(毛髮)의 생장이 촉진된다.
4. 설사 치료(Treating Dysentery) : 껍질을 우려내서 졸린 물을 하루에 두 차례씩 마시면 설사(泄瀉)에 효과적이다.
5. 당뇨병(Diabetes)과 고혈압(High Blood Pressure) : 씨앗 5개 정도를 볶은 다음 분말로 만들고 하루에 2~3차례 정도 마시면 당뇨병의 개선이 가능하다. 또한, 매일 9~10가지의 채소와 람부탄 과일을

45 http://allfruits.blogspot.com/p/fruits-name-starts-with-letter-r.html

46 http://www.healthbenefitstimes.com/health-benefits-of-rambutan/

먹으면 고혈압 수준이 낮아지는 것으로 밝혀졌다.

⑥ 해열(Cures Fever) : 건조시킨 람부탄 껍질 15g을 물을 3컵에 15분 정도 달이고, 하루 3회 정도 마시면 열(熱)이 내린다.

⑦ 체력증가(Increasing Energy) : 람부탄의 혜택은 체력(體力)을 쉽게 향상시킬 수 있다는 것이다. 왜냐하면 람부탄은 단백질과 더불어 풍부한 탄수화물을 함유하고 있기 때문이다. 또한, 람부탄은 많은 수분을 내포하고 있어 갈증을 해소할 수 있다.

⑧ 강골(强骨, Strengthen Bones) : 람부탄은 뼈를 강화시킬 수 있다. 왜냐하면 람부탄은 높은 칼슘, 인, 그리고 철분을 함유하고 있기 때문이다. 건강향상과 강한 뼈를 원한다면 람부탄을 먹는 것이 도움이 된다.

⑨ 면역체계 강화(Increase our Immune System) : 다량의 비타민C를 함유하고 있어 우리 몸의 신진대사(新陳代謝) 과정 또는 방어기능을 향상시킬 수 있다. 신진대사 활성화는 위험한 병과 악화된 건강상태를 예방하거나 치유를 하는데 도움을 줄 수 있다. 또한, 간에서 해독작용하면서 발생하는 유리기(遊離基)를 해독하여 면역체계(免疫體系)를 강화시키기도 한다.

⑩ 항암역할(Anti-Cancer) : 람부탄은 항산화제(抗酸化劑, antioxidant)를 함유하고 있다. 태국 치앙마이(Chiang Mai) 대학교의 연구팀에 의하면 람부탄 과일과 씨앗, 그리고 껍질까지 모두 다 플라보노이드로 알려진 효과적인 항산화제를 함유하고 있다. 이 플라보노이드 중의 일부는 콜레스테롤 수준을 낮게 하고 항암과 항염증 효과를 발휘하는 것으로 알려져 있다. 람부탄은 앞서 설명한 대로 지방은 물론이고, 칼슘, 철분, 단백질, 소듐(sodium), 아연(zinc), 마그네슘, 칼륨(potassium), 인, pH, 비타민 C, 비타민 A,

티아민, 리보플라빈, 섬유질 등이 함유되어 있어서 하루에 다섯 개의 람부탄을 먹으면 암발생률을 현저히 감소시킬 수 있다. 또한, 고혈압을 낮추는 데 매우 효과적인 과일이다.

⑪ 유리기(free radicals)[47] 로부터 보호 : 람부탄 껍질에 포함되어 있는 많은 성분 중의 하나가 바로 '갈산'(gallic acid)이라는 것이다. 이 독특한 성분은 주로 유리기에 대한 치료역할을 한다. 왜냐하면 이 갈산은 우리 신체가 산화(酸化)로 인하여 발생한 상처로부터 방어역할을 할 수 있기 때문이다. 즉, 이 물질은 암과 투쟁을 하는데 도움을 주기 때문이다.

⑫ 풍부한 비타민 C : 비타민 C는 간에 좋은 가장 강력한 항산화 비타민이다. 해로운 화학물질로부터 간세포가 손상되는 것을 예방한다. 그런데 람부탄은 바로 이 비타민 C가 풍부하다. 람부탄을 10~12개를 먹으면 비타민 C를 약 75~90mg 정도 섭취하게 된다. 항산화제(抗酸化劑)로서 비타민 C는 세포손상을 막으며 철의 동화작용(同化作用)[48]을 돕는다.

⑬ 조혈 작용(Blood Formation) : 단맛을 지닌 람부탄 과일은 소량의 구리를 함유하고 있다. 이 물질은 백혈구(white blood cells)와 적혈구(red blood cells)를 생산한다. 그리고 구리와 더불어 추가적으로 빈혈증(anemia)을 예방하는데 도움을 주는 철분도 포함하

47 유리기는 세포에 매우 해로운 존재로서 장기간 관련된 세포를 손상시키면 그 부분이 암, 퇴행성 질환, 동맥경화, 심장, 신장질환 등으로 진행된다. 유리기는 노화과정을 촉진시킨다. 전자(Electrons)가 하나 부족하여 불안정한 분자이다. 유리기는 전자하나를 타 세포에서 뺏어 와서 안정을 이루려고 노력한다. 이 전자를 뺏어오는 과정을 산화(Oxidation)라고 한다. 전자를 빼앗긴 세포가 다시 유리기가 되어 다른 세포를 손상시킨다. 이러한 과정이 반복되면서 신체조직은 점점 더 손상되어 간다. 일부 유리기는 정상적인 신진대사의 부산물(자동차 배기가스처럼)로 만들어진다. 과산화물을 포함하여 지방이 산소와 반응할 때 생기는 일종의 부산물이다.

48 생물이 외부로부터 섭취한 영양물을 자기 몸/조직에 적합한 성분으로 변화시키는 작용을 동화작용(anabolism)이라고 한다.

고 있다.

⑭ 소화 작용(Healthy Digestion) : 람부탄은 섬유질이 많아서 인체 내장의 문제를 예방하는데 도움을 준다. 뿐만 아니라 람부탄은 내장에 존재하는 기생충을 제거하고 설사 증세를 완화시켜준다.

⑮ 정자(精子) 증가 및 항암(Improve Sperm Quality and Cancer) 효과 : 비타민 C는 신체에 필요한 주요물질로 인정되는데, 콜라겐(collagen)[49] 생산, 많은 효소반응으로부터의 지방휴대전자(fat carry electron), 매우 건강한 잇몸, 콜레스테롤(cholesterol) 수준 조절, 그리고 매우 강한 방어체계 등에 필요하다. 비타민 C가 풍부하면 폐암, 대장암, 췌장암, 방광암, 유방암 등과 같은 여러 가지 암을 예방하는데 도움이 된다. 비타민 C는 매우 중요한 항산화역할을 해서 암을 유발하는 유리기를 감소시킬 수 있다. 뿐만 아니라 비타민 C는 정자를 만드는데 매우 중요하다. 남성이 비타민 C가 결핍되면 아이를 갖기 어려울 수 있다. 만일 그렇다면 한 달 동안 비타민 C를 매일 500mg씩 증가시킬 필요가 있다. 비타민 C의 소비를 증가시키면 정자의 양은 물론이고 그 질과 정자의 운동력도 향상시킬 수 있다.

비타민 C의 기타 이점으로는 백내장(cataract)의 가능성을 줄여주고 모세혈관 벽을 강화시키며, 심장 혈관병을 줄이는 역할을 한다. 과학자들은 비타민 C는 백혈구를 유지함으로서 노화를 막을 수 있다고 한다.

---

49 콜라겐(collagen)은 교원질(膠原質) 또는 아교질이라고도 하며, 약 60조개의 세포로 이뤄진 인체의 세포와 세포 사이를 메우고 있는 중요한 성분이다. 콜라겐은 세포와 세포가 떨어지지 않도록 접착제 같은 역할을 하는 단백질이다. 인체를 구성하는 단백질 중 무려 1/3을 차지하는 중요한 성분이다. 인체의 뼈와 피부, 머리카락 등에도 분포되어 있으며, 피부의 콜라겐 수치는 70%, 진피에는 콜라겐 수치가 90%나 된다. 이러한 콜라겐은 우리 피부의 수분을 유지해주며, 피부의 탄력을 조절하는 역할을 한다.

Chapter 8.

람부탄의 경제적 분석

람부탄에 관련된 경제적 분석 자료는 거의 없는 실정이다. 그래서 국가별로 발표된 단편적인 가격자료만 산발적으로 발견할 수 있는데, 이러한 자료를 통해서 국가별 람부탄 재배에 관한 경제적 분석을 하고자 한다.

■ 말레이시아

말레이시아에서는 소규모 재배자들이 단일작목 또는 복합영농방식으로 람부탄을 재배한다. 현재(2010년) 말레이시아에서는 25,460ha의 람부탄을 재배하고 있고 연간 82,740톤을 생산하고 있다. 평균 산출고는 약 3.25톤/ha이다. 수확기의 농가 판매가격은 RM 0.30/kg[50] 이하일 정도로 매우 낮게 나타났는데, 이는 $0.09/kg 수준이다.

50 말레이시아 화폐(RM=MYR, Malaysian Ringgi) 단위인 1 RM는 $0.3062이다($1.00 = RM3.27)

아래에 요약된 말레이시아 람부탄 생산비 분석 자료는 말레이시아 조호르(Johor)지역의 농촌지도사 Anem의 20년간 자료를 요약한 것이다[51]. 말레이시아 전국을 대표하는 자료는 아니지만 조호르(Johor), 멜라카(Melaka), 셀랑고르(Selangor) 그리고 페라크(Perak) 지역의 람부탄 생산 자료들이다. 이들 지역에서 람부탄의 식재 간격은 9.0m x 9.0m이고, 재식 밀도는 123 tree/ha이며, 경재분석은 20년간의 자료를 요약한 것이다.

❶ 현금수입

- 람부탄 산출고 : 125,750kg/ha
- 농가조수입/ha : $57,683(RM 188,625)

※ 단, 람부탄 단가는 $0.4587/kg(RM 1.50/kg)

❷ 현금지출

- 농장개발비

① 토지개간비	$612(RM 2,000)
② 배수시설	$367(RM 1,200)
③ 토지준비작업	$306(RM 1,000)
④ 토지구획 및 식수	$113(RM 369)
⑤ 관개시설	$2,752(RM 9,000)
⑥ 창고 및 오두막[52]	$153(RM 500)
소계1 :	**$4,303(RM 14,069)**

51 http://animagro.blogspot.com

52 여기에서 말하는 오두막(hut)은 람부탄 농장에 작업인부들이 잠시 쉬거나 숙소로 사용할 수 있는 오두막을 의미한다.

■ 자재투입비

① 묘목비 : $207(RM 676.50)

※ 단, 묘목단가는 $1,53/1그루(RM 5/1그루)

② 비료비

• 기저비료	$7.15(RM 23)
• 유기비료	$4,241(RM 13,868)
• NPK 15:15:15	$164(RM 537)
• NPK 12:12:17:2+TE	$8,068(RM 26,384)
• 석회질(Lime)	$690(RM 2,256)
③ 농약 & 살균제	$869(RM 2,843)
④ 제초제	$1,172(RM 3,832)
⑤ 농업용 장비	$856(RM 2,800)
소계2	**$16,275(RM 53,220)**

■ 노력비

① 거름주기	$1,289(RM 4,215)
② 병충해 방제	$2,422(RM 7,920)
③ 제초작업	$1,050(RM 3,435)
④ 전정작업	$1,037(RM 3,390)
⑤ 수확작업	$3,846(RM 12,575)

※ 단, $0.031는 RM 0.10이다.

⑥ 관리	$3,058(RM 10,000)
소계3	**$12,702(RM 41,535)**

- 기타비용

① 연료 & 휘발유	$2,783(RM 9,100)
② 렌트/세금(20년)	$3,058(RM 10,000)
소계4	**$5,841(RM 19,100)**

❸ 현금 유출입 분석

총계(소계 1+2+3+4)	**$39,120(RM 127,924)**
비상금(총계 5%)	$1,956(RM 6,396)
총생산비	$41,076(RM 134,320)
농가조수입	$57,683(RM 188,625)
농가순수입	$38,439(RM 125,695)
순수입/년	$1,922(RM 6,285)
순수입/월	$160(RM 524)
순현재가치[53]	$22(RM 72)

※ 단, 할인율은 10%이다.

편익비율	$0.51(RM 1.67)
손익분기점	$0.20(RM 0.67)

말레이시아에서 람부탄은 1ha당 직접투자비는 $39,120이고 조수입은 $57,683이므로 순현재가치(net present value)는 $22/ha이다.

53 순현재가치는 투자 사업의 실행여부를 판단하는 자료로 투자 사업을 선택할 때는 0이상이며, 가장 큰 투자를 선택한다.
예시) 금년에 1억을 투자하고 향후 3년간 5천만 원씩 회수하고 할인율(평균 자금조달 금리)이 10%라일 때, NPV는 얼마인가?
NPV = -1억 + 0.5억/1.1 + 0.5억/$(1.1)^2$ + 0.5억/$(1.1)^3$
= -1억 + 4,545만원 + 4,132만원 + 3,757만원 = 2,434만원

■ 태국

람부탄을 많이 생산하는 태국의 자료는 유기농 생산비를 이용하여 분석하였다. 태국 마히돌 대학교(Mahidol University)의 석사학위 논문 작성을 위하여 실시된 농민들의 설문 자료에서는 $3,741/ha로 조사되었다. 이렇게 생산된 유기농 람부탄의 가격은 $0.42/kg이기 때문에 순이윤은 $0.083/kg으로서 이는 겨우 8.3/kg 수준으로 매우 낮은 수준이다. 소매가격이 비용의 55.2%이고 농민수취가격은 44.8%이라면 마진율의 55.2%이다. 마진율의 55.2%는 다시 도매상 마진율 15.5%, 소매상 마진율 25.2% 및 기타 마케팅 마진율은 14.5%였다.

지난 2년간(2000~2001년)의 태국 람부탄 생산량과 농가수취가격을 살펴보면 다음과 같다.

태국 람부탄 생산량과 농가수취가격(2000~2001년)

년도	생산량 (1,000M/T)	농가가격 ($/kg)	년도	생산량 (1,000M/T)	농가가격 ($/kg)
2000	618	0.33	2002	619	0.15
2001	617	0.25	2003	651	0.19

자료 : 태국 농림부(OAE, 2006)

2000년대 초의 람부탄 연평균은 626,250톤 정도이고, 농가수취가격은 평균 $0.23/kg였다. 이는 매우 낮은 수취가격으로서 람부탄 산업의 발전을 저해하는 요소이다. 이와 같이 낮은 수익률은 많은 람부탄 생산자들이 두리안(durian)과 같은 수익성이 높은 품목으로 전환을 하게 만드는 요인으로 작용하고 있다.

타이 람부탄
(http://ithaifoods.blogspot.com)

■ 미국

미국의 람부탄 생산의 중심지는 하와이로, 2000년대 초반 하와이의 람부탄 생산량 및 농가수취가격은 아래와 같다.

람부탄 생산량과 농가수취가격(2000~2002)

년도	생산량(톤)	농가가격($/kg)	년도	생산량(톤)	농가가격($/kg)
2000	100	6.56	2003	139	6.01
2001	93	6.62	2004	126	5.72
2002	117	6.62	2005	182	5.52

하와이에서 연평균 126톤의 람부탄을 생산하였고 농가수취가격은 가중평균으로 보면 약 $6.09/kg으로 나타났다. 이것은 거의 같은 무렵의 태국 농가수취가격 $0.23/kg의 26.5배 수준이다.

하와이 람부탄
(http://www.pic2fly.com/Hawaii+Fruit+Trees.html)

■ 필리핀

과수원의 생산비와 수익 분석 자료는 필리핀 민다나오(Mindanao) 섬[54]에 위치한 다바오(Davao)의 람부탄 과수원에서 작성된 자료이다. 과수원을 처음 시작해서 10년간 운영할 경우의 연도별 생산비와 이익금을 추정한 것인데 ha당 1,000페소[55]정도이다.

필리핀 민다나오 섬
(http://en.wikipedia.org/wiki/Mindanao)

---

54 민다나오 섬은 면적 94,630km^2, 남북 471km, 동서 521km의 섬이다. 좁은 해안 평야와 넓고 기름진 분지 및 광활한 습지들이 형성되어 있다. 민다나오는 가톨릭교도가 압도적으로 많고 필리핀에서 유일한 이슬람교의 전초지이다. 또한, 필리핀의 소수 인종이 가장 많이 밀집해 있는 곳이다. 기름진 땅의 상당부분이 경작되지 않고 있다. 1939년 이후 민다나오로의 이민을 장려하면서부터 인구가 점차 증가하고 있다. 옥수수, 쌀, 바나나, 파인애플, 망고, 코코넛, 면화, 커피, 카카오 등을 생산한다. 지난 2010년 현재 민다나오의 인구는 2,540만 명이었다.

55 필리핀의 화폐는 Peso라고 하지만 국제적으로 공식적인 통화단위는 PHP로 사용되고 있다.

필리핀 민다나오 섬의 경우, 람부탄 과수원 조성비 19,300페소(약 $345)/ha를 투자하면 4년 까지 누적적자가 발생되었지만, 5년 이후부터는 11,100페소(약 $198/ha)의 이익금이 발생하였다. 그리고 10년 이후부터는 이익금이 427,300페소(약 $7,630/ha)로 크게 향상되는 것으로 분석되었다.

필리핀 람부탄
(https://search.yahoo.com/search;_ylt=Apr1Txfd4UVrYC8FZ9sJyjabvZx4?p=philippines+rambutan&toggle=1&cop=mss&ei=UTF-8&fr=yfp-t-901)

필리핀 람부탄 생산비 및 수익분석(1,000PHP/ha)[56]

구분/연도	1	2	3	4	5	6	7	8	9	10
산출고(kg)	-	-	233	1,452	2,671	3,890	5,109	6,328	7,547	8,766
조수익	-	-	3.5	21.8	40.1	58.4	76.6	94.9	113.2	131.5
생산비	20.6	1.8	6.3	7.7	9.6	11.2	11.9	13.0	14.8	15.7
-과수원조성	19.3	-	-	-	-	-	-	-	-	-
-유지 및 관리	1.3	1.8	5.4	5.8	6.1	7.0	7.1	7.5	8.7	9.1
-수확 및 수확후관리	-	-	0.9	1.9	3.5	4.2	4.8	5.5	6.1	6.6
순이익	20.6	1.8	2.8	14.1	30.5	47.2	64.7	81.9	96.4	115.8
순이익누계	20.6	22.4	25.2	11.1	19.3	66.5	131.2	213.1	311.6	427.3

Note: 언더라인으로 처리된 수치는 적자를 의미하고, 본 자료는 100그루/ha의를 사용한 금액임.

과수원 조성비는 초기에 고정비용으로서 $345/ha 정도이고, 가변비용은 1,300페소/ha(약 $23/ha) 수준이다. 이후 10년부터는 9,100페소/ha(약 $163/ha) 수준으로 연평균 867페소/ha(약 $15.5/ha)씩 증가하고 있다. 그러나 순이익은 4년째부터 연평균 16,950페소/ha(약 $303/ha) 정도가 발생하고 있다. 특히, 10년째 이후부터는 람부탄 한 그루당 가변비용은 157페소(약 $2.8) 수준이고, 조수입은 1,315페소(약 $23.5) 정도로서 한 그루당 순이익금은 1,158페소(약 $20.7) 수준이 되어서 수령이 오래될수록 큰 이익금이 발생하는 것으로 분석되었다.

---

56 http://davaoagribiz.da.gov.ph/tipsdl/fruits/rambutan_production.pdf

■ 인도

열대과수 농가에서 60～80INR[57]/kg($0.995/kg～$1.33/kg)에 거래되고 있다.[58] 그러나 도시에서는 250INR($4.14/kg)에 거래되고 있어 유통마진이 170～190INR($2.82/kg～$3.15/kg)이나 되는 것으로 보도되고 있다. 이를 기준으로 마진율을 계산하면 212.5～316.7% 정도이다. 이러한 높은 마진율은 람부탄 산업에서 유통 구조에서 심각한 문제가 존재함을 의미하는 것으로 유통개혁이 시급하다고 할 수 있다.

인도의 람부탄
(http://theindianvegan.blogspot.com/2013/02/all-about-rambutan.html)

57 인도의 화폐단위는 루피화(Rupee)라고 하지만 국제적인 공식화폐기호는 INR(Indian Rupee)로 사용되고 있다.

58 1 INR(Indian Rupee)은 $0.02이다($1.00=60.32 INR).

인도를 중심으로 네팔(Nepal), 인도네시아(Indonesia), 파키스탄(Pakistan), 스리랑카(Sri Lanka), 모리셔스(Mauritius), 세이셸(Seychelles) 등에서는 루피화를 사용하고 있다.

루피화(貨) 사용국가

국가	화폐	코드	US$1.00 (2013년)
인도(India)	인도 rupee	INR	61.23
네팔(Nepal)	네팔 rupee	NPR	98.04
인도네시아(Indonesia)	인도네시아 rupiah	IDR	11,322.00
파키스탄(Pakistan)	파키스탄 rupee	PKR	106.10
스리랑카(Sri Lanka)	스리랑카 rupee	LKR	131.00
모리셔스(Mauritius)	모리셔스 rupee	MUR	30.90
세이셸(Seychelles)	세이셸 rupee	SCR	12.17

모리셔스, 세이셸 & 스리랑카
(http://www.cruisingholidays.co.uk/indian-ocean-cruises/)

Chapter 9.

람부탄의 산업발전을 위하여

최근 태국에서는 람부탄 과잉 생산에 따른 가격 하락으로 람부탄 과수 생산자들이 두리안으로 품목을 교체하는 현상이 발생하고 있다. 일반적으로 람부탄의 수익은 $0.10/kg 정도이고 두리안은 $2.00/kg 정도이기 때문에 두리안이 선호되고 있는 실정이다. 따라서 호주에서는 람부탄 가격이 비교적 높은($7~$16/kg) 11~12월에 출하하도록 생산계획을 세우고 재배하고 있다.

지금까지 많은 국가들의 람부탄 생산, 유통 및 가공 등에 대한 사항을 살펴보면 크게 3가지 문제점을 발견할 수 있다.

● 마케팅 및 수확 후 저장기술 부족

소비자와 중간상인 등을 비롯한 유통업자들에게 람부탄 과일에 대한 생산량 조절을 통한 가격안정화와 신선한 품질 유지에 대한 교육이 필요하다. 또한, 현재의 시장을 확대시키고 새로운 상품을 개발하기 위해서는 람부탄에 대한 유통계획과 가공기술에 대한 연구가 필요가 있다. 왜냐하면, 현재 동남아의 많은 람부탄 생산자들은 도매상과 협상력 부족으로 수취가격이 너무나 낮게 거래되고 실정이기 때문이다. 따라서 과수 생산자들에게 판매협상력(販賣協商力)이 중요한 문제이다. 이를 해결하기 위해서는 상품의 품질을 유지시킬 수 있는 포장기술 및 수확 후 저장 기술 개발로 높은 수취가격을 유지시킬 필요가 있다.

람부탄 산업 성공을 위한 마케팅과 판매
(http://www.contactedgecrm.com/2011/08/02/aligning-sales-and-marketing-through-technology
http://www.business2community.com/marketing/marketing-technology-go-hand-hand-0620402)

● 생산기술 결여

인건비 상승으로 인한 비용 절감을 위해 호주에서는 람부탄 농장에서 기계화 시스템 확립을 통한 과수원 관리를 하고자 시도하고 있다. 또한, 람부탄 산업의 발전을 위해서는 과수농장의 병해충 관리에 관한 교육은 물론이고 수확 후 병해충에 대한 방제에 대한 기술도 필요하다.

호주의 로봇 과수농가 작업
(http://www.agricorner.com/robots-to-drones-australia-eyes-high-tech-farm-help-to-grow-food/)

● 고부가가치 상품 개발

일반적으로 람부탄 과일은 신선과일로 판매되고 있지만 높은 수취가격을 받지 못하고 있는 실정이다. 그러므로 람부탄 시장을 확대하고 다변화시키기 위해서는 고부가가치 상품 개발이 시급하다. 또한, 고부가가치 가공품 개발은 상품 자체의 높은 가격은 물론이고, 저등급 과일의 활용도를 제고시킬 수 있는 장점이 있다. 전체적으로 람부탄 생산자의 소득을 향상시킬 수 있는 방안이다.

최근 가장 인기 있는 람부탄의 가공형태는 통조림인데, 부가가치가 높을 뿐만 아니라 외국으로 많이 수출되며 저장기간이 길다는 장점이 있다. 이러한 가공 제품 등을 개발하여 수확기의 가격 폭락 현상을 막을 수 있는 방안으로 활용할 수 있다. 특히, 람부탄 시럽 및 람부탄과 파인애플을 혼합한 시럽이 많이 가공되고 있다. 주요 수출시장은 미국, 싱가포르, 사우디아라비아, 말레이시아, 타이완,

불란서, 네덜란드, 캐나다, 호주 등으로서 가공품은 신선과일(生果)보다 더 높고 안정적인 소득을 기대할 수 있다.

람부탄 통조림
(http://caloriecount.about.com/calories-native-forest-rambutan-i264129)

참고문헌

Kittilikitsak, S. 2010. Marketing, Problems And Obstacles Of Organic Fruit Production In The East Region Of Thailand.

Zee, F.T. 1995. National Clonal Germplasm Repository. USDA-ARS. (www.hort.purdue.edu)

http://allfruits.blogspot.com/p/fruits-name-starts-with-letter-r.html

http://animagro.blogspot.com

http://anpsa.org.au/grafting.html

http://caloriecount.about.com/calories-native-forest-rambutan-i264129

http://commons.wikimedia.org/wiki/File:Mekong_Delta_in_Vietnam.svg

http://commons.wikimedia.org/wiki/File:Rambutan_leaf.jpg

http://coursewares.mju.ac.th:81/e-learning47/PP300/0017diagnosis/Detail/PD004/PM004D002.htm

http://davaoagribiz.da.gov.ph/tipsdl/fruits/rambutan_production.pdf

http://dunkeldhousemigration.com/auz.htm

http://edepot.wur.nl/162871

http://en.wikipedia.org/wiki/Areca_nut

http://en.wikipedia.org/wiki/File:Koppen_World_Map_Af_Am_Aw.png

http://en.wikipedia.org/wiki/List_of_islands_in_the_Caribbean

http://en.wikipedia.org/wiki/Mindanao

http://forums.gardenweb.com/forums/load/tropicalfruits/msg121531134490.html

http://forums.gardenweb.com/forums/load/tropicalfruits/msg0711362618352.html

http://forums.gardenweb.com/forums/load/tropicalfruits/msg101226367758.html

http://gardening.about.com/od/gardenproblems/qt/Damping-Off.htm

http://gardenofeaden.blogspot.com/2013/05/what-is-air-layering.html

http://ithaifoods.blogspot.com

http://livinglifeincostarica.blogspot.com/2012/08/common-mistakes-about-costa-rica.html

http://malaysianfruits.wordpress.com/2009/08/19/rambutan

http://malformalady.tumblr.com/post/46292958107/cashew-nuts-growing-on-a-tree-the-cashew-nut-tree

http://moacdc.thaiembdc.org/pdfs/reports/report_fruit_marketing.pdf

http://new.canbypublications.com/battambang/province-map.php

http://nl.wikipedia.org/wiki/Bestand:Image-Pollination_Bee_Dandelion_Zoom2.JPG

http://pics1.this-pic.com/key/hilo%20hawaii%20map

http://rbhs-sbi3u03.wikispaces.com/Asexual+Reproduction

https://sites.google.com/site/applepropagation2/

http://spk-kgawah.blogspot.com/2011/06/list-of-major-rambutan-nephelium.htm

http://theindianvegan.blogspot.com/2013/02/all-about-rambutan.html

http://travelmalaysiaguide.com/images/Maps/malaysia-overview-map.jpg

http://true-wildlife.blogspot.com/2011/04/water-buffalo.html

http://upload.wikimedia.org/wikipedia/commons/a/aa/Betel_nut.jpg

http://0.tqn.com/d/treesandshrubs/1/0/B/J/-/-/BlackpepperPipernigrumFlickrSteenbergs.jpg

http://www.abvietnamtravel.com/travel-guide/articles/op=detail%26maa=Vinh-Long

http://www.ag.ndsu.edu/hort/info/fruit/graft/graft.htm

http://www.aea.gov.lk/web/index.php?option=com_content&view=article&id=300&Itemid=257&lang=en

http://www.agricorner.com/robots-to-drones-australia-eyes-high-tech-farm-help-to-grow-food/

http://www.agripinoy.net/growing-rambutan.html

http://www.business2community.com/marketing/marketing-technology-go-hand-hand-0620402

http://www.cartage.org.lb/en/themes/sciences/botanicalsciences/plantreproduction/floweringplant/FlowerStructure/FlowerStructure.htm

http://www.contactedgecrm.com/2011/08/02/aligning-sales-and-marketing-through-technology

http://www.cruisingholidays.co.uk/indian-ocean-cruises/

http://www.fruitsinfo.com/Rambutan-fruit.php

http://www.geocities.ws/malaysianfruits/rambutan.html

http://www.hawaii.edu/oc/freepubs/pdf/PD-86.pdf

http://www.healthbenefitstimes.com/health-benefits-of-rambutan/

http://www.hort.purdue.edu/newcrop/CropFactSheets/Rambutan.html#Common Names

http://www.hort.purdue.edu/newcrop/CropFactSheets/Rambutan.html#Origin

http://www.imagejuicy.com/images/fruits/g/guava/4/

http://www.itfnet.org/gfruit/Templates%20English/rambutan.harv.post.htm

http://www.journal.au.edu/au_techno/2008/jan08/journal113_article01.pdf

http://www.langkahbisnis.com/budidaya-buah-rambutan/

http://www.malaysia-wildlife-and-nature.com/fruits-of-malaysia.html

http://www.motherearthnews.com/renewable-energy/california-almonds-zb01210zrob.aspx#axzz323eOQc93

http://www.naver.com/

http://www.njha.org/projects_hortid_plantpropagation.html

http://www.pic2fly.com/Hawaii+Fruit+Trees.html

http://www.pinterest.com/pin/163959242658400417/

http://www.pinterest.com/pin/445434219365920022/

http://www.quisqualis.com/01Ramb.html

http://www.rambutan.com/AdditionalPictures.htm

http://www.simplemalaysian.com/fruits/rambutan/rambutan.html

http://www.subaonline.net/photoworld/pangkor/

http://www.tradeindia.com/fp370133/Raw-Cashew-Nut-In-Shell.html

http://www.tropicalfruit.vn/p/rambutan.htm

http://www.telegraph.co.uk/gardening/3323469/Perfect-for-your-house-plants-great-and-small.html

http://www.wallpaperswala.com/mango/

■ 저자

이건철 (Gun-Chul Lee)
전남발전연구원 원장

박준근 (Joon-Keun Park)
전남대학교 농업생명과학대학 농업경제학과 명예교수

안기완 (Ki-Wan An)
전남대학교 농업생명과학대학 산림자원학부 임학전공 교수

안영상 (Young-Sang Ahn)
전남대학교 농업생명과학대학 산림자원학부 임학전공 조교수

Vannak Kong
Mean Chey University 농업생명과학대학 학장

열대과일 시리즈 V

람부탄 RAMBUTAN

인 쇄 | 2014년 11월 20일
발 행 | 2014년 11월 25일

저 자 | 이건철 · 박준근 · 안기완 · 안영상 · Vannak Kong
Gun-Chul Lee, Joon-Keun Park, Ki-Wan An, Young-Sang Ahn, Vannak Kong

발행처 | 전남발전연구원

판매처 | 전남대학교출판부
등 록 | 1981. 5. 21. 제53호
주 소 | 500-757 광주광역시 북구 용봉로 77
전 화 | (062) 530-0571~3
팩 스 | (062) 530-0579
홈페이지 | http://www.cnup.co.kr

값 15,000 원

ISBN 978-89-6849-157-3 (93520)

이 도서의 국립중앙도서관 출판예정도서목록(CIP)은 e-CIP홈페이지(http://www.nl.go.kr/ecip)와 국가자료공동목록시스템(http://www.nl.go.kr/kolisnet)에서 이용하실 수 있습니다.
(CIP제어번호: CIP2014033198)